essentials

Essentials liefern aktuelles Wissen in konzentrierter Form. Die Essenz dessen, worauf es als „State-of-the-Art" in der gegenwärtigen Fachdiskussion oder in der Praxis ankommt. *Essentials* informieren schnell, unkompliziert und verständlich

- als Einführung in ein aktuelles Thema aus Ihrem Fachgebiet
- als Einstieg in ein für Sie noch unbekanntes Themenfeld
- als Einblick, um zum Thema mitreden zu können

Die Bücher in elektronischer und gedruckter Form bringen das Fachwissen von Springerautor*innen kompakt zur Darstellung. Sie sind besonders für die Nutzung als eBook auf Tablet-PCs, eBook-Readern und Smartphones geeignet. *Essentials* sind Wissensbausteine aus den Wirtschafts-, Sozial- und Geisteswissenschaften, aus Technik und Naturwissenschaften sowie aus Medizin, Psychologie und Gesundheitsberufen. Von renommierten Autor*innen aller Springer-Verlagsmarken.

Matthias Fischer · Harald Heinrichs

Umwelt- und Nachhaltigkeitspolitik

Eine kompakte Einführung

Springer

Prof. Dr. Matthias Fischer
Fachbereich Gesundheitswissenschaften
Hochschule Bochum, Technik Wirtschaft
Gesundheit
Bochum, Deutschland

Prof. Dr. Harald Heinrichs
Institut für Nachhaltigkeitssteuerung
Leuphana Universität Lüneburg
Lüneburg, Deutschland

ISSN 2197-6708   ISSN 2197-6716   (electronic)
essentials
ISBN 978-3-658-50651-3   ISBN 978-3-658-50652-0   (eBook)
https://doi.org/10.1007/978-3-658-50652-0

Die Deutsche Nationalbibliothek verzeichnet diese Publikation in der DeutschenNationalbibliografie; detaillierte bibliografische Daten sind im Internet über https://portal.dnb.de abrufbar.

Springer ist ein Imprint der eingetragenen Gesellschaft Springer Fachmedien Wiesbaden GmbH und ist ein Teil von Springer Nature.
Die Anschrift der Gesellschaft ist: Abraham-Lincoln-Str. 46, 65189 Wiesbaden, Germany

Wenn Sie dieses Produkt entsorgen, geben Sie das Papier bitte zum Recycling.

- Den Aufbau und Prozess politischer Argumentationen, aber auch Macht-strukturen und Erklärungsansätze für das Zustandekommen von Politik besser verstehen.
- Die Entwicklung von der Umwelt- zur Nachhaltigkeitspolitik nachvollziehen und entscheidende Akteure des Politikfeldes kennen.
- Aktuelle Themen der Umwelt- und Nachhaltigkeitspolitik durch konzeptionel-les Hintergrundwissen besser einschätzen können.

Danksagung/Widmung

Matthias Fischer widmet dieses Buch seiner kleinen Familie.

Für Mehdi und eine nachhaltige Zukunft, Harald Heinrichs

Vorwort

Eine nachhaltige Entwicklung wurde bereits 1987 durch die sogenannte Brundtland-Kommission der Vereinten Nationen definiert als „Entwicklung, die die Bedürfnisse der Gegenwart befriedigt, ohne zu riskieren, daß künftige Generationen ihre eigenen Bedürfnisse nicht befriedigen können" (Hauff 1987, S. 461). Innerhalb des umwelt-, aber auch des nachhaltigkeitspolitischen Diskurses gilt – neben dem Verursacher- und dem Kooperationsprinzip – das „Vorsorgeprinzip" als zentral. Es besagt, vereinfacht ausgedrückt: Sofern sich für Umwelt oder Gesellschaft ein Risiko abzeichnet oder eine Gefahr droht, die einen Anlass zur Sorge bietet, darf der Staat unter Beachtung des Verhältnismäßigkeitsgrundsatzes eingreifen, um auf die Ursache des Risikos zu reagieren, auch wenn die Folgen des Handelns aus wissenschaftlicher Sicht noch nicht vollständig geklärt sind (vgl. Umweltbundesamt 2021). Es geht also darum, Risiken durch gezieltes Handeln zu minimieren, bevor sie tatsächlich eingetreten sind. Auch und vielleicht gerade dann, wenn es noch keine abschließenden wissenschaftlichen Belege für die möglichen Schäden gibt. Durch den Artikel 20a GG ist das Vorsorgeprinzip direkt aus der Verfassung ableitbar („Der Staat schützt auch in Verantwortung für die künftigen Generationen die natürlichen Lebensgrundlagen und die Tiere im Rahmen der verfassungsmäßigen Ordnung durch die Gesetzgebung und nach Maßgabe von Gesetz und Recht durch die vollziehende Gewalt und die Rechtsprechung").

Sicherlich, allgemein formulierte Prinzipien müssen sich in der Realität bewähren. Und während die Grundlogik des Vorsorgeprinzips so einfach wie nachvollziehbar erscheint, wird es, wie so oft, komplexer beim Blick ins Detail, etwa am Beispiel staatlicher Investitionen zur Bekämpfung des Klimawandels. Wäre es demnach Ausdruck eines Vorsorgeprinzips, wenn ein Staat mit Blick auf eine anstehende Wirtschaftskrise die Investitionen in den Klimaschutz zurückfährt? Oder wäre es im Gegenteil nicht eher Ausdruck eines Vorsorgeprinzips, die Investitionen in den Klimaschutz hochzufahren, um nicht die natürlichen Lebensgrundlagen als Basis für wirtschaftliches Handeln infrage zu stellen? Diese hier nur angerissene Streitfrage macht deutlich, dass es eine robuste Diskursfähigkeit in einer Gesellschaft, aber auch eine Kenntnis der sonstigen gesellschaftlichen Dynamiken benötigt, um innerhalb der Komplexität von umwelt- und nachhaltigkeitspolitischen Fragen den Überblick bewahren und auf Basis der besten Argumente auch gute Entscheidungen treffen zu können.

Dieses *essential* nimmt die Lesenden mit auf eine Reise in ausgewählte Theorien und Konzepte der Politik- und Sozialwissenschaften – zugegebenermaßen im Parforceritt. Die Konzepte werden nach der Einleitung ausgehend von acht Fragen diskutiert, die bewusst auf einer abstrakten Ebene gehalten sind. Die behandelten theoretisch-konzeptionellen Ansätze lassen sich dabei wie verschiedene Brillen verstehen. Jede wird eine Perspektive auf die Realität anbieten und dabei andere Aspekte in den Vordergrund rücken. In ihrer Gesamtheit – so hoffen die Autoren – werden die Ansätze ein besseres Verständnis der realen Politik ermöglichen. Dabei ist dies explizit kein wissenschaftliches, sondern lediglich ein wissenschaftsorientiertes Buch. Denn die Natur der *essentials* als erste kurze Einführung bringt es mit sich, dass in grundlegende Konzepte, Erklärungsansätze und Perspektiven kompakt eingeführt wird. Dies erlaubt an vielen Stellen keine nuanciert-differenzierte, sondern lediglich eine stark vereinfachte und durchaus auch pointierte Darstellung der teils höchst komplexen Ansätze. Literatur-Tipps am Ende der Kapitel ermöglichen eine vertiefende Auseinandersetzung.

Vertiefende Literatur
zum Vorsorgeprinzip: Umweltbundesamt (2021)

Prof. Dr. Matthias Fischer
Prof. Dr. Harald Heinrichs

Competing Interests Die Autor*innen haben keine für den Inhalt dieses Manuskripts relevanten Interessenkonflikte.

Inhaltsverzeichnis

Einleitung: Worum geht es?

Das, was man in der deutschen Sprache unter dem Begriff „Politik" zusammenfasst, ist in der englischen Sprache wesentlich feiner ausdifferenziert, indem man zwischen den sogenannten „drei P" unterscheidet (vgl. Größler 2010, S. 386). Der Begriff „Policy" bezeichnet dabei die inhaltliche Komponente, also die Vorschläge, die als politische Alternativen diskutiert werden sowie das letztliche Resultat der Inhalte, die umgesetzt werden; „Polity" bezeichnet das institutionelle Gerüst, also den Aufbau und die Gliederung des politischen Systems; mit „Politics" wird schließlich der sogenannte „struggle for power" beschrieben, also der interessen- und machtbasierte Prozess der politischen Aushandlung. Ausgehend von dieser Unterscheidung kann man als „Umweltpolitik" demnach die politischen Prozesse, die politischen Inhalte sowie die Akteure und Institutionen bezeichnen, die sich schwerpunktmäßig mit umweltbezogenen Themen beschäftigen. Eine andere Definition unterscheidet zwischen dem weitergehenden Umweltschutz als breit verstandene „Summe aller organisierten Handlungen zur Ermittlung und Lösung von Umweltproblemen" und der Umweltpolitik als (enger gefassten) „Teil dieser Handlungen, an denen staatliche Akteure – ausschließlich oder teilweise, national oder international – beteiligt sind" (Jänicke 2021, S. 917).

Auch bei dieser definitorischen Einordnung wird deutlich, dass sich eine klare Abgrenzung der Umweltpolitik zu anderen Politikfeldern oft als sehr schwierig erweist. Um ein paar Beispiele zu nennen: Sollte der Staat die Ansiedlung eines Unternehmens, das ein als zukunftsfähig erachtetes Geschäftsmodell aufweist, zur Schaffung von Arbeitsplätzen mit Steuergeldern fördern, auch wenn dadurch lokale Wälder abgeholzt oder der Grundwasserspiegel beeinträchtigt wird? Hat Deutschland mit seinem im April 2023 endgültig vollzogenen Ausstieg aus der Atomenergie zwar Problematiken der Atomkraft wie die Endlagerung des

Atommülls zukünftig abgemildert, dafür jedoch ein strukturelles Risiko für die Energieversorgung in Kauf genommen? In den letzten Jahren treten rund um die Umweltpolitik vermehrt derartige Fragestellungen auf, die sich bei näherem Hinsehen nicht einfach nur als umweltpolitische Herausforderungen offenbaren, sondern aufgrund ihrer vielfältigen Verquickungen mit ökonomischen und sozialen Aspekten in räumlich-zeitlich komplexen Wirkungszusammenhängen als *Nachhaltigkeits*herausforderungen zu verstehen sind, zu deren Lösung entsprechend ein Blick aus verschiedenen Perspektiven nötig ist. Dass auf diese Weise mehr und mehr Politikfelder zu Politikfeldern der Nachhaltigkeitspolitik werden, ja, dass es nach dieser Logik im Grunde genommen kein Politikfeld gibt, das keinen Nachhaltigkeitsbezug aufweist, bezeichnen Böcher und Töller (2012, S. 72) als horizontale, weil politikfeldübergreifend erfolgende Integration der Umweltpolitik. Ebenso wichtig ist für die Gestaltung von Umwelt- und Nachhaltigkeitspolitik die sogenannte „vertikale Integration" (ebd.), bei der es um die Koordination von Politik und Verwaltung über verschiedene Ebenen hinweg geht – von lokal über national bis international.

Das Prinzip der Nachhaltigkeit ist nicht nur mit inhaltlichen Schwerpunkten zur Erreichung bestimmter ökologischer, sozialer und ökonomischer Ziele verbunden. Es stellt auch dezidierte Ansprüche an das „Wie", also an die Qualität der Kommunikations-, Aushandlungs- und Entscheidungs- sowie Implementationsprozesse, was durch Begriffe wie Transparenz, frühzeitige Einbindung der Betroffenen sowie Rechenschaftspflicht beschrieben werden kann (vgl. Fischer 2016, S. 8). „In Konflikt- und Aushandlungsprozessen zwischen (staatlicher) Politik und Verwaltung sowie mit gesellschaftlichen Politikakteuren, wie Unternehmen, Verbänden oder Bürgerinitiativen, wird nachhaltige Entwicklung interpretiert und gestaltet", wie es Baumgärtner et al. (2014, S. 279) formulieren. Nachhaltigkeitspolitik bedeutet demnach, sowohl in den einzelnen Politikfeldern als auch über verschiedene Politikfelder hinweg einen übergreifenden Blick einzunehmen, der die Wechselwirkungen mit ökologischen, sozialen und ökonomischen Aspekten in die Politikgestaltung aktiv miteinbezieht und zugleich den Anspruch erfüllt, prozessualen Prinzipien der Transparenz, Partizipation und der Rechenschaftspflicht zu genügen. Umwelt- und Nachhaltigkeitspolitik ist damit, wie jegliches politische Handeln, herausgefordert, eine gute Balance zu finden zwischen (Input-) Legitimität *(Beteiligung)* und (Output-) Effektivität *(Wirkung)*. Doch wie genau sollten Argumente als Ausgangspunkt und zentrales Element im politischen Prozess strukturiert sein, um in der umwelt- und nachhaltigkeitspolitischen Diskussion zur Geltung zu kommen und auch ganz faktisch eine nachhaltige Entwicklung zu befördern? Welche Herausforderungen ergeben sich in der Nachhaltigkeitspolitik als

Querschnitts- und Langfristthema? Zeit für einen Blick auf diese Fragen im folgenden Abschnitt.

Vertiefende Literatur

- zu den drei Dimensionen des Politikbegriffs: Schubert & Bandelow (2014, S. 4 f.)
- zur spezifischen Betrachtung der Umweltpolitik: Aden (2012)

Der Diskursraum: Welche Bedeutung haben Argumente im politischen Prozess?

2

Die politische Argumentation ist bisweilen von einem weiten Auseinanderklaffen zwischen Anspruch und Wirklichkeit geprägt. Führte man eine offizielle Umfrage innerhalb der Bevölkerung durch, würde sich die überwiegende Mehrheit wohl dafür aussprechen, dass politische Entscheidungen auf Basis des rational besten Arguments zustande kommen sollten. Schon die Schule lehrt hierzu, dass ein gutes Argument über

- die These, also eine aufzustellende Behauptung,
- eine Begründung, die die Behauptung rechtfertigt und stützt,
- sowie einen Beleg oder ein Beispiel, um die Begründung zu exemplifizieren,

gegliedert ist, auf deren Basis gegebenenfalls eine Schlussfolgerung gezogen wird (vgl. Baden-Württemberg ZSL o.J.). Dass sich hierbei das beste Argument durchsetzt, ist an eine Voraussetzung geknüpft, die der Philosoph Hans-Georg Gadamer folgendermaßen zusammenfasste: „Ein Gespräch setzt voraus, dass der andere Recht haben könnte" (Gadamer 2000).

In der Realität jedoch ist dieser so einfache Grundgedanke durch gewisse strukturelle Schwierigkeiten oft nur schwer umsetzbar. In der Umwelt- und vor allem der Nachhaltigkeitspolitik ist der Anspruch, dass sich in politischen Diskussionen „einfach das beste Argument" durchsetzen sollte, erschwert durch außerordentliche soziale (Akteursvielfalt und -beziehungen) und sachliche (Problemvielfalt, Lösungsoptionen) Komplexität. Vielfältige wissenschaftliche Disziplinen ebenso wie weitere nichtwissenschaftliche Wissensansprüche führen zu einer pluralistischen Wissensgesellschaft (vgl. Heinrichs 2002 oder Maasen & Weingart 2005). So gilt es nicht nur, in der Analyse von Nachhaltigkeitsthemen eine natur- und eine

© Der/die Autor(en), exklusiv lizenziert an Springer Fachmedien Wiesbaden GmbH, ein Teil von Springer Nature 2026
M. Fischer, H. Heinrichs, *Umwelt- und Nachhaltigkeitspolitik*, essentials,
https://doi.org/10.1007/978-3-658-50652-0_2

humanwissenschaftliche Perspektive zu integrieren (vgl. Heinrichs und Michelsen 2014), sondern zusätzlich die Perspektive in diversen Politikfeldern und gesellschaftlichen Bereichen von Politik über Wirtschaft bis zu Medien und anderen zu diskutieren.

Der Soziologe Niklas Luhmann lieferte für diese Schwierigkeiten in seinen Abhandlungen zur „Systemtheorie" einen Erklärungsansatz. Demzufolge haben sich die modernen Gesellschaften funktionell ausdifferenziert in verschiedene „autopoietische", also sich selbst über ihre Kommunikationsmuster erzeugende und erhaltende Subsysteme, die jeweils nach eigenen Logiken funktionieren (vgl. Luhmann 1984, S. 60 ff.). Die Subsysteme sind dabei durch Codierungen charakterisiert, die sich aus einer Aussage und ihrer jeweiligen Negation ergeben (vgl. Luhmann 1984, S. 602 ff.). Beispielsweise operiert die politische Arena nach der Logik „Macht/Ohnmacht", das wirtschaftliche Subsystem nach der Entscheidung „Zahlen/Nicht-Zahlen", das Subsystem Recht nach den Codes „Recht/Unrecht", die Wissenschaft nach den Codes „wahr/unwahr" (vgl. Becker und Reinhardt-Becker 2001, S. 91 ff.). Die Ausdifferenzierung führt dazu, dass die unterschiedlichen Systeme nicht mehr durch eine zentrale Steuerungs- oder Kommunikationsform geordnet werden können. Sie sind laut Luhmann „inkommensurabel", können also nur unter sehr komplexen Voraussetzungen miteinander kommunizieren (vgl. Becker und Reinhardt-Becker 2001, S. 65 f.). Im Zusammentreffen von Teilsystemen wie Politik und Wirtschaft kann es zu wechselseitigen Irritationen kommen, die dann gemäß der teilsystemischen Eigenlogik und Kommunikationsweisen weiterverarbeitet werden.

Wenn sich gesellschaftliche Subsysteme auf diese Weise in ihren Kommunikationsmustern immer weiter ausdifferenzieren: Ist eine übergreifende nachhaltigkeitspolitische Diskussion, die verschiedene Politikfelder und Teilsysteme integriert, überhaupt denkbar? Zeitgenössische Systemtheoretiker wie Nassehi (2015) sehen die Notwendigkeit, die „Übersetzung" zwischen den Teilsystemen zu verbessern. Einen anderen gesellschaftstheoretischen Ansatzpunkt liefern die diskurstheoretischen Überlegungen des Philosophen Jürgen Habermas zur sogenannten „deliberativen Demokratie" (vgl. Habermas 1992). Demnach ist gelebte Demokratie ein ständiger Aushandlungs- und Kommunikationsprozess, der umso besser gelingt, wenn bestimmte Voraussetzungen und Mechanismen eine vollständige und faire Beteiligung aller Betroffenen am argumentativen Diskurs sicherstellen. Ein Schwerpunkt der öffentlichen Institutionen besteht darin, einen „herrschaftsfreien Diskurs" sicherzustellen, der durch den Austausch und das Abwägen von Argumenten sowie die Verständigung auf die beste Lösung eine deliberative Politik (*deliberare* = lateinisch für erwägen, bedenken, beratschlagen) gelingen kann. Hierzu gehören institutionelle Rahmenbedingungen wie Rechtsstaatlichkeit, Meinungs- und Pressefreiheit, aber auch eine fundierte Bildung und ein umfassender Zugang zu Informationen für alle Beteiligten am Diskurs, damit sie über ein hohes Maß an Argumentationskompetenzen verfügen. Die beschlossenen Normen sind nach dieser Vision dann legitim, wenn sie für alle potenziell Betroffenen rational zustimmungsfähig sind. Ziel ist es also, einen kommunikativen Raum zu schaffen, in dem nicht der Mehrheitswille die Entscheidung trifft, sondern in dem sich nach einer fairen Debatte auf Basis von Offenheit, Gleichheit im Zugang und Zwanglosigkeit das beste Argument durchsetzt – was auch die Bereitschaft erfordert, dass sich Standpunkte in Debatten verschieben können (vgl. Heidenreich 2011, S. 152). Auf diese Weise wäre es möglich, die vielfältigen Perspektiven der Nachhaltigkeitslandschaft angemessen abzubilden und trotz der teils unterschiedlichen Logiken zu einer guten Lösung zu kommen. In den vergangenen Jahrzehnten wurden hierzu viele konkretisierende Ansätze vorgelegt und praktisch erprobt (vgl. Renn et al. 1995).

So erstrebenswert dieser normative Anspruch an Gelingen der politischen Argumentation ist, so ist dennoch festzustellen, dass sich in der Realität viele politische Argumente eben nicht nur darauf beziehen, das beste Argument in der Sache (*Argumentum ad rem*) zu finden. Vielmehr spielt oft eine menschliche Komponente mit hinein, indem Argumente durch den Einbezug bestimmter Defizite oder den Verweis auf negative Handlungen der anderen Person mehr oder weniger offen deren Diskreditierung erreichen möchten (*Argumentum ad hominem*) oder bereits eingeräumte Zugeständnisse dazu nutzen, den eigenen Standpunkt zu untermauern (*Argumentum ex concessis*) (vgl. Schopenhauer 2014, S. 21). Anders als das oben skizzierte Ideal der Politik als Kampf um das beste Argument ist die politische Situation somit oft eher als „Die Kunst, recht zu behalten" (Schopenhauer 2014) zu verstehen, in der es nicht darum geht, die Argumente auszutauschen und eine ehrliche Einschätzung über deren Güte zu treffen, sondern um die Position des eigenen politischen Hintergrundes zu stützen und diejenige der gegenüberstehenden Seite zu destabilisieren. Dezidierte argumentative Kniffe, um diese Kunst zu perfektionieren, lieferte der Philosoph Arthur Schopenhauer in seinem unterhaltsamen und durchaus launigen Werk mit gleichem Namen (vgl. Schopenhauer 2014, S. 24 ff.). Neben dort genannten Techniken wie der Wiederholung der eigenen Argumente, um den Eindruck von Überzeugungskraft zu erwecken, ein Appell an die Emotionen des Gegners oder des Publikums, um Zustimmung zu erhalten, oder der Berufung auf Autoritäten, um von deren Glaubwürdigkeit zu profitieren, ist ein wichtiger und oft in der politischen Argumentation gebrauchter Kunstgriff. Dazu gesellt sich die Argumentation auf Basis des sogenannten „Dammbrucharguments" oder „Arguments der schiefen Ebene" (vgl. Buyx 2025, S. 55). Bei dieser Technik wird argumentiert, dass die erstmalige Erlaubnis oder Zulassung einer umstrittenen

Maßnahme metaphorisch den Damm bricht, durch den in der Zukunft ähnliche oder sogar umstrittenere Maßnahmen nicht mehr verhindert werden können, was zu einer Verkettung von Maßnahmen bis hin zu einem katastrophalen Zustand führen könne. Beispielsweise könnte ein populistisches Argument in der Diskussion um das Verbot von Kurzstreckenflügen lauten: „Jetzt wollen sie Kurzstreckenflüge verbieten, irgendwann werden sie uns das Reisen komplett verbieten". Oder wenn es um finanzielle Fördermaßnahmen für einzelne Branchen geht: „Wenn wir nun diese Branche mit Geld ausstatten, wird dies zwangsläufig auch Begehrlichkeiten anderer Branchen wecken, so dass wir aus dem Fördern gar nicht mehr herauskommen". Noch einen Schritt weiter weg vom rationalen Diskurs geht der in den vergangenen Jahren in vielen westlichen Demokratien aufgekommene Rechtspopulismus. Er arbeitet strategisch mit sogenannten „alternativen Fakten", auf Emotionalisierung abzielende Skandalisierung und Empörung und stellt sich zielgerichtet außerhalb des angeblichen „Eliten"-Diskurses. Diese strategische (Miss-)Kommunikation und (Des-)Information, die die Leitidee eines rationalen Diskurses unterminieren, finden zudem unter den Bedingungen einer stark ausdifferenzierten und fragmentierten Medienlandschaft statt. In modernen Mediengesellschaften, wie in Deutschland, sind neben den traditionellen Massenmedien – Print, Radio, TV – seit zwei Jahrzehnten die sozialen Medien und damit die Massenindividualkommunikation einflussreich geworden. Dieser kommt in der medialen Konstruktion der sozialen Wirklichkeit eine erhebliche Bedeutung zu. Dies gilt insbesondere für viele als abstrakt wahrgenommene, wenig konkret erfahrbare umwelt- und nachhaltigkeitspolitische Themen, vom Plastik im Ozean bis zu zukünftigen Folgen des Klimawandels. Die sozialen Medien erweisen sich hier als ein Katalysator für „Fake News", „alternative Fakten", „Verschwörungserzählungen" und „Echokammern", die gesamtgesellschaftliche Verständigung erschweren (vgl. schon Hannigan 1995, oder aktueller Buchmann et al. 2021). Gerade in Kombination mit den bislang nicht hinreichend erforschten Potenzialen und auch Risiken für die politische Diskussion, die mit dem Aufkommen der Künstlichen Intelligenz einhergeht, steht eine grundsätzliche Erschütterung bisher etablierter politischer Debattenabläufe im Raum.

Auch wenn politische Diskussionen in der Realität oft hinter dem deliberativen Ideal nach Habermas zurückbleiben, bleibt die Vorstellung eines Diskurses, in dem sich das beste Argument durchsetzt, ein wichtiger Kompass für das Ziel einer gerechten und nachhaltigen Gesellschaft. Um es aber nochmal deutlich zu machen: Natürlich ist dieses Ziel nicht nur durch kommunikative Muster und die besten Argumente erreichbar, sondern in seiner praktischen Umsetzung für die Akteure durch einen komplexen Prozess aus Argumentieren und Verhandeln geprägt (vgl. Saretzki 1996), der in Wechselwirkung mit dem Handeln einer Vielzahl von

Akteuren auf verschiedenen politischen Ebenen mit sich teils stark unterscheidenden Interessen stattfindet. In den folgenden beiden Abschnitten wird behandelt, wie sich aus den ersten Ansätzen der Umweltpolitik sukzessive eine umfassende Nachhaltigkeitspolitik etabliert hat (Kap. 3) und wie sich konkrete Änderungen der Umwelt- und Nachhaltigkeitspolitik durch das Miteinander diverser Akteure erklären lassen (Kap. 4).

Vertiefende Literatur

- zu verschiedenen Argumentationstechniken: Schopenhauer (2014, S. 21 ff.)
- zum systemtheoretischen Ansatz: Nassehi (2015)
- zur politischen Theorie der Deliberation und ihrer Kritik: Strecker & Schaal (2001)

Historische Phasen: Wie haben sich Umwelt- und Nachhaltigkeitspolitik entwickelt?

3

Die Entwicklung der Umwelt- und Nachhaltigkeitspolitik in Deutschland ist durch verschiedene kleine Schritte gekennzeichnet, die nicht geradlinig im Sinne eines direkten Pfades der nachhaltigen Entwicklung zu verstehen sind. Vielmehr kann – ohne Anspruch auf analytische Vollständigkeit – auf nationaler Ebene eine Phase der Institutionalisierung von Umweltpolitik sowie der Übergang von der Umwelt- zu einer breiteren Umwelt- und Nachhaltigkeitspolitik beobachtet werden. Dies geschah parallel zu einer inter- und supranationalen Ausdifferenzierung der Umwelt- und Nachhaltigkeitspolitik, die sich oft in Wechselwirkung mit multiplen internationalen Krisen und exogenen Dynamiken entwickelte (vgl. Abb. 3.1).

Solche Dynamiken sind oft sehr unübersichtlich. Um sie durch einen groben zeitlichen Überblick zu strukturieren, werden die vielen einzelnen Ereignisse im Folgenden zu vier Phasen der Umwelt- und Nachhaltigkeitspolitik in Deutschland verdichtet. Wichtig ist, dass es sich hier nur um eine grobe und pointierte Skizze der komplexen Entwicklungen handeln kann.

- **Vom Wiederaufbau zur Institutionalisierung der Umweltpolitik (1950er bis Mitte der 1980er-Jahre):** Nach den umfassenden Zerstörungen des Zweiten Weltkriegs und den damit verbundenen Traumata ging es zunächst um den Wiederaufbau. Die damit für die ausgebeuteten natürlichen Grundlagen verbundenen Nebenwirkungen wie der Eintrag von schmutzigen Abwässern in die Flüsse oder die Belastung durch Smog wurden hingenommen. Im Zentrum standen ein optimistischer Fortschrittsglaube und ein Streben nach Wirtschaftswachstum. Ausgehend von den Diskussionen um die „Grenzen des Wachstums" (vgl. Meadows et al. 1972) stellte die sozialliberale Bundesregierung unter Willy Brandt 1971 ihr Umweltprogramm vor, das neben einer konzeptionellen

M. Fischer, H. Heinrichs, *Umwelt- und Nachhaltigkeitspolitik*, essentials, https://doi.org/10.1007/978-3-658-50652-0_3

11

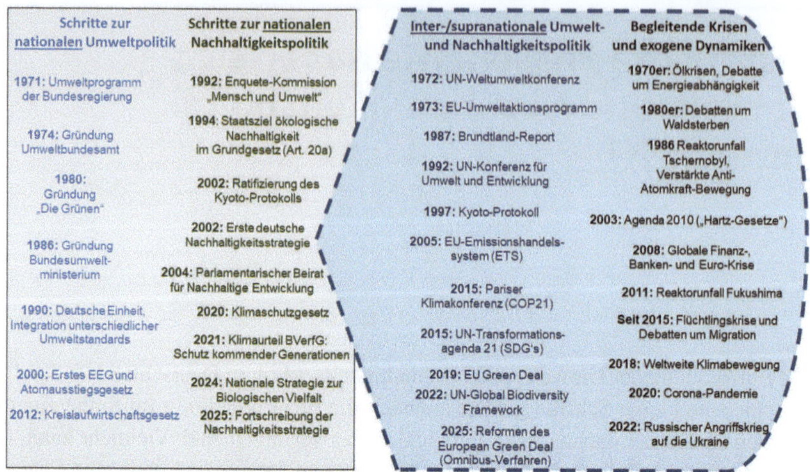

Abb. 3.1 Wichtige Ereignisse in der Entwicklung der Umwelt- und Nachhaltigkeitspolitik in Deutschland. (Eigene Abbildung; vereinfachte, nicht maßstabsgetreue Darstellung)

Etablierung der Umweltpolitik auch ein konkretes Aktionsprogramm enthielt (vgl. Deutscher Bundestag 1971). Im Folgenden kam es, beispielsweise durch die Gründung des Bundesumweltamtes und – auch beeinflusst durch die Atom- reaktorkatastrophe von Tschernobyl 1986 – des Bundesumweltministeriums. Als erster Bundesumweltminister amtierte Walter Wallmann, CDU; sein Nach- folger Klaus Töpfer, ebenfalls CDU, prägte später lange Jahre die Umwelt und Nachhaltigkeitspolitik, unter anderem als Exekutivdirektor des UN- Umweltprogramms UNEP. Umweltgesetze wie das Bundesimmissionsschutz- gesetz (BImSchG) zum Schutz vor schädlichen Umwelteffekten durch Luftver- unreinigungen und Geräusche etablierten die Umweltpolitik als festes Ressort innerhalb der deutschen Politiklandschaft. Diese ersten Schritte zur Etablierung der Umweltpolitik und -verwaltung ordneten sich ein in internationale An- strengungen und Abkommen zum Umweltschutz. Im Zuge der Debatte um das Waldsterben und die Anti-Atomkraft-Bewegung trat mit den Grünen seit 1980 auch eine neue Partei in Deutschland auf, die ihre Wurzeln dezidiert in der Umweltbewegung hatte.

- **Von der Umwelt- zur Nachhaltigkeitspolitik (Ende der 1980er-Jahre und 1990er-Jahre):** Durch die Veröffentlichung des sogenannten Brundtland Re- ports der UN Weltkommission für Umwelt und Entwicklung (1987) unter dem Vorsitz der ehemaligen norwegischen Ministerpräsidentin Gro Harlem

Brundtland weitete sich der Blick der Umweltpolitik erheblich. Der Bericht etablierte das Verständnis einer nachhaltigen Entwicklung als Gerechtigkeitspostulat sowohl innerhalb (*intragenerationell*) als auch zwischen Generationen (*intergenerationell*) und betonte den Querschnittscharakter über Politikfelder hinweg. Das Verständnis von nachhaltiger Entwicklung als Integration von ökologischen, sozialen und ökonomischen Aspekten wurde im Zuge der UN-Konferenz von Rio 1992 auch formal etabliert, indem – neben weiteren ambitionierten internationalen Abkommen wie der Klimarahmen- und der Biodiversitätskonvention – mit der Agenda 21 ein 40 Kapitel umfassendes Handlungsprogramm verabschiedet wurde. Mit dem Kyoto-Protokoll folgte 1997 ein viel beachteter multilateraler Versuch zur Begrenzung von Schadstoffen, um dem menschengemachten Klimawandel entgegenzuwirken. Speziell in Deutschland stellte die Integration zweier verschiedener Umweltregime nach der Wiedervereinigung eine große Herausforderung dar. 1994 wurde zudem in Artikel 20a GG der Schutz der natürlichen Lebensgrundlagen insbesondere auch für nachfolgende Generationen als explizites Staatsziel postuliert.

- **Grüne Technologien und Angst vor Wohlstandsverlust (2000er-Jahre):** Die frühen 2000er-Jahre waren von ambitionierten ökologischen Vorhaben der rot-grünen Regierung unter Gerhard Schröder gekennzeichnet sowie der erstmaligen Etablierung eines europäischen Zertifikatehandels als ökonomisches Instrument zur Begrenzung des klimarelevanten Schadstoffausstoßes. Mit dem Aufbau der Solar- und Windenergie wurden Wachstumschancen für Deutschland vor allem durch den Fokus auf nachhaltige Technologien betont. Gleichzeitig kam es zu einem industriellen Umbau (z. B. durch Schließung der Zechen im Ruhrgebiet), der erhebliche gesellschaftliche Erschütterungen mit sich brachte. Sowohl in Bezug auf die umfassenden Sozialreformen („Hartz-Reformen") als auch in Bezug auf vielfältige europäische und globale Krisen, vom Terroranschlag auf das World Trade Center bis zur globalen Finanz- und Wirtschaftskrise im Jahr 2008, war dieses Jahrzehnt auch durch ökonomische und soziale Herausforderungen gekennzeichnet: Dabei tauchte auch immer wieder die Frage auf, ob ein zu ambitionierter Ausbau ökologischer Regularien nicht zugunsten von „Wachstumspaketen" und durch den Abbau von Bürokratie und Subventionen zurückgefahren werden müsste.
- **Multiple Krisen und Transformation zur öko-sozialen Marktwirtschaft (2010er bis 2020er-Jahre):** Nachdem 2011 zunächst eine Verlängerung der Atomkraft als „Brücke" in das Zeitalter der erneuerbaren Energien beschlossen worden war, erfolgte nach dem Reaktorunglück von Fukushima der Beschluss zum beschleunigten Ausstieg aus der Nuklearenergie und eine durchaus umstrittene fokussierte Konzentration auf die „Energiewende", um durch die

Transformation zu einer öko-sozialen Marktwirtschaft den Wohlstand in Deutschland unter Vermeidung der schädlichen Nebenwirkungen der konventionellen Wirtschaftsweise zu erhalten. Mit dem globalen Abkommen der Pariser Klimakonferenz 2015 sowie der globalen Klimabewegung („Fridays for Future") erhielt die Klimapolitik eine starke Aufmerksamkeit in Politik und Medien. 2021 stellte das Bundesverfassungsgericht fest, dass die Schutzpflicht des Staates den Schutz vor Beeinträchtigungen grundrechtlicher Schutzgüter durch Umweltbelastungen einschließt, und forderte verstärkte Klimaschutz-Anstrengungen der Bundesregierung (vgl. BVerfG 2021). Global mit der Verabschiedung der 17 bis 2030 zu erreichenden Sustainable Development Goals (SDG) sowie in der Europäischen Union durch das Ziel einer klimaneutralen Kreislaufwirtschaft, welches durch diverse politische Maßnahmen rund um den „European Green Deal" erreicht werden soll, wurden vielbeachtete Schritte hin zu einer nachhaltigen Entwicklung verabschiedet. Andererseits führten weitere Krisen, wie beispielsweise Migrationsdruck sowie die Corona-Pandemie, zu gesellschaftlichen Verwerfungen und wirtschaftlichen Herausforderungen. Zudem wurde die konkrete Frage aufgeworfen, ob die zunächst intendierte Vereinfachung der Nachhaltigkeitsregulierung durch die sogenannte Omnibus-Initiative der EU nicht einen Rückbau des European Green Deals bedeutet (vgl. de Sadeleer 2025).

Wie lassen sich nun die zunehmende Befassung mit Umwelt- und Nachhaltigkeitsthemen sowie die Zunahme von Krisen im Verlauf der Zeit erklären? Überblickt man die Entwicklung mit ihrer Abfolge von Fortschritten, Rückschritten und neu entstehenden Krisen, stellt sich unweigerlich die Frage, ob es sich um negative Begleiterscheinungen handelt oder die neu entstehenden Gefahren und Herausforderungen nicht der wirtschaftlichen und sozialen Entwicklung inhärent sind. Genau an diesem Punkt setzte der im humanwissenschaftlichen Nachhaltigkeitsdiskurs prägende Umweltsoziologe Ulrich Beck mit seinem Konzept der Weltrisikogesellschaft an (vgl. Beck 2008). Er stellte in seinem Werk ein simultanes Zusammenwirken zwischen dem Fortschritt der Moderne und deren negativen Begleiterscheinungen an. Die Schaffung von Wohlstand geht nach Beck mit einer gesellschaftlichen Produktion von Risiken einher. Die Umweltzerstörung und weitere Nachhaltigkeitsherausforderungen sind demnach eben keine Begleiterscheinungen, sondern entstehen durch die fortschreitende Modernisierung und sind mit dieser verknüpft. Hinzu kommt, dass Risiken auch einer Art sozialem Aushandlungsprozess entspringen, dass sie also erst dann definiert werden können, wenn sie unter anderem durch eine fortgeschrittene Entwicklung der Medien und durch Expertenwissen als Risiken definiert werden. Traditionelle Institutionen sind nach Meinung von Beck nicht mehr geeignet, um mit den zunehmend globalen Risiken umzugehen. Die zunehmend international agierende Umweltpolitik (und analog auch die Nachhaltigkeitspolitik) kann als Antwort verstanden werden, um auf die von der Moderne produzierten Gefahren zu reagieren. Als „reflexive Modernisierung" sind in der hochentwickelten Industriegesellschaft die Risiken und Gefahren, wie beispielsweise der Klimawandel, nukleare Risiken oder die Zerstörung der Umwelt, so weit definiert, dass es nicht mehr nur um Fortschritt und die Beherrschung der Natur gehen kann, sondern dass der Umgang mit den Gefahren selbst ein großes Thema wird (vgl. Beck 2008, S. 218 ff.). Mit dem Bild der „zweiten Moderne" entwarf Beck eine durchaus optimistische Perspektive, dass sich Gesellschaften und ihre zentralen Institutionen wie Demokratie und Marktwirtschaft so weiterentwickeln können, dass sie zu einem Neben- und Spätfolgen-sensiblen Fortschritt kommen können – also zu einer nachhaltigen Entwicklung. Ob die skizzierten umwelt- und nachhaltigkeitspolitischen Vorhaben und Initiativen ausreichen, um die vielfältigen Herausforderungen adäquat zu adressieren, ist angesichts einer fortlaufenden und zunehmenden globalen Überschreitung der planetaren Grenzen zumindest infrage gestellt (vgl. Richardson et al. 2023).

Vertiefende Literatur

- zur Geschichte der Umweltpolitik: Böcher & Töller (2012, S. 26 ff.)
- zur Entwicklung von der Umwelt- zur Nachhaltigkeitspolitik: Beck (2008) sowie Grunwald & Kopfmüller (2022, S. 21 ff.)

Akteure und ihr Zusammenwirken: Wer verantwortet und wer verändert die Umwelt- und Nachhaltigkeitspolitik?

Demokratie ist idealerweise mit dem Anspruch verbunden, ein „government of the people, by the people, for the people" (Lincoln 1863) darzustellen, wie es Abraham Lincoln im Zuge seiner „Gettysburg Address" zusammenfasste. Also eine Regierung, die vom Volk ausgeht, die durch das Volk erfolgt und die zum Wohle des Volkes handelt. Aber was heißt das konkret? Es ist keine Überraschung, dass das Vorhandensein einzelner als demokratisch bezeichneter Elemente wie Wahlen nicht ausreicht, um ein politisches System als demokratisch zu bezeichnen. Dies zeigen nicht zuletzt die alles andere als freien Wahlen in diversen autokratischen Systemen. Aber welche konkrete institutionelle Ausgestaltung (*Polity*), welche politischen Prozesse (*Politics*) sind nötig, um von einer Demokratie sprechen zu können?

Selbst wenn man sich auf ein paar grundlegende abstrakte Voraussetzungen, um von einer Demokratie sprechen zu können, einigen könnte, wie beispielsweise Meinungs- und Pressefreiheit, regelmäßige geheime Wahlen, Gewaltenteilung oder Rechtsstaatlichkeit, wird man feststellen, dass konkrete „Demokratien" keinen monolithischen Block darstellen, sondern dass es unterschiedliche Typen gibt, die sich teils stark voneinander unterscheiden. Auf den Politologen Gerhard Lehmbruch geht die Unterscheidung zwischen Konkordanz- oder Verhandlungsdemokratien und Konkurrenz- oder Mehrheitsdemokratien zurück (vgl. Lehmbruch 2003). Während letztere, als Beispiel kann etwa das britische politische System dienen, sich dadurch auszeichnen, dass die gewählte Mehrheit über politische Entscheidungen das System nach ihren Zielen relativ weitgehend gestalten kann, sind Verhandlungsdemokratien (beispielsweise die Schweiz) dadurch gekennzeichnet, dass sie das Mehrheitsprinzip deutlich dem Prinzip der umfassenden Einbindung möglichst vieler gesellschaftlicher Gruppen und der konsensualen Konfliktlösung über Aushandlungsprozesse zwischen den Gruppen unterordnen (vgl. Czada 2000,

M. Fischer, H. Heinrichs, *Umwelt- und Nachhaltigkeitspolitik*, essentials, https://doi.org/10.1007/978-3-658-50652-0_4

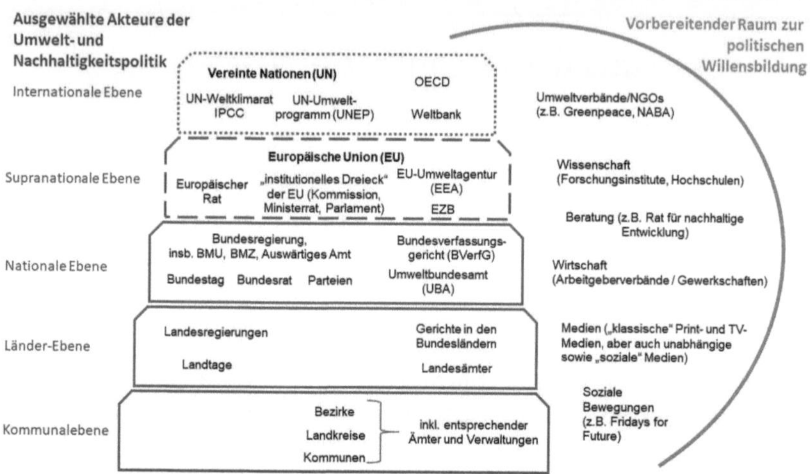

Abb. 4.1 Akteure der Umwelt- und Nachhaltigkeitspolitik. (Eigene Darstellung)

S. 23). Im politischen System der Bundesrepublik Deutschland finden sich einerseits Elemente der Mehrheitsdemokratie, beispielsweise die Bildung von Regierungen durch in Wahlen ermittelte Parlamentsmehrheiten und den Gegensatz zwischen regierungs- und Oppositionsparteien, oder die Fünf-Prozent-Hürde bei Wahlen, die kleine Parteien zugunsten der leichteren Mehrheitsbildung aus den Parlamenten ausschließt. Andererseits finden sich auch starke Verhandlungselemente, was etwa den umfassenden Einbezug der Bundesländer in bundespolitische Entscheidungen, die Bildung von Regierungen durch Koalitionen mehrerer Parteien oder die umfassende Beteiligung von Verbänden in Gesetzgebungsprozessen anbelangt (vgl. Rudzio 2019).

Wenn man innerhalb dieser „Mischverfassung" der Bundesrepublik aus mehrheits- und konkordanzdemokratischen Elementen einen grundsätzlichen Blick wirft, lässt sich in allen Politikfeldern zwischen der Exekutive (Akteure der Bundesregierung und der Landesregierungen sowie nachgeordnete Behörden und Verwaltung), der Legislative (gesetzgeberische Akteure, also der Bundestag und die Landtage sowie weitere parlamentarische Akteure) und der Judikative (Akteure der Gerichtsbarkeit wie das Bundesverfassungsgericht, Bundes-, Oberlandes- und Landgerichte sowie weitere Gerichte) unterscheiden. Abb. 4.1 stellt die wesentlichen Akteure der Umwelt- und Nachhaltigkeitspolitik anhand eines idealtypischen Modells zwischen verschiedenen Ebenen dar. Die Vereinbarungen auf internationaler Ebene sind im Politikfeld Nachhaltigkeit besonders durch den Abschluss völkerrechtlicher Abkommen zwischen Staaten auf Ebene der Vereinten Nationen – z. B. im Rahmen der Weltklimakonferenzen oder durch die oft stark diskutierten Publikationen des Weltklimarats IPCC – geprägt. Auf dieser Ebene getroffene Vereinbarungen, etwa die Beschlüsse der Pariser Klimakonferenz, entfalten keine unmittelbar verbindliche Wirksamkeit in den Staaten, sondern erfordern die Umsetzung der völkerrechtlich eingegangenen Verpflichtungen durch die legislativen Organe der Staaten in nationales Recht (deshalb die gepunktete Linie). Die supranationale Ebene stellt insofern eine Besonderheit dar, als die Europäische Union weder ein Staat noch ein loser und unverbindlicher Staatenbund ist, sondern als sogenannter „Staaten*verbund*" eine Konstruktion sui generis ist, der die Mitgliedsstaaten bestimmte Kompetenzen übertragen haben. Dies ermöglicht der EU die eigenständige und für die Mitglieder dann auch verbindliche Rechtsetzungskompetenz. Freilich läuft dies über einen komplexen Verhandlungsmechanismus zwischen verschiedenen Ebenen und Akteuren ab (vgl. hierzu Kap. 8 dieses *essentials*).

Innerhalb der Bundesrepublik Deutschland ist noch zwischen der Bundes- und der Länder-Ebene zu unterschieden, die ihrerseits in kommunale Einheiten (Landkreise und Kommunen sowie zum Teil noch diesen übergeordnet die Bezirke) gegliedert ist. Während bestimmte politische Zuständigkeiten ausschließlich der Bundesebene (z. B. die Verteidigungs- oder Währungspolitik) oder der Landesebene (z. B. die Schulpolitik) obliegen, gibt es einen großen Bereich gemischter politischer Zuständigkeiten, in denen es zu Aushandlungsprozessen zwischen bundes- und landespolitischen Akteuren kommt. Landespolitische Akteure haben zudem über den Bundesrat ein mächtiges Instrument, um bei allen Entscheidungen bestimmter Tragweite mitzuentscheiden oder zumindest gehört zu werden. Daneben ist der oft außerhalb der formalen Institutionen wirkende, aber nicht minder politisch aufgeladene, Raum wichtig, den Verbände, wissenschaftliche und wirtschaftliche Akteure sowie soziale Bewegungen einnehmen, um Debatten zu stimulieren und über die argumentative Auseinandersetzung neue Lösungsvorschläge zu entwickeln. Die nichtstaatlichen politischen Akteure werden über formale und informelle Prozesse der Öffentlichkeitsbeteiligung in Meinungsbildungsprozessen beteiligt. Aus der Abbildung geht außerdem hervor, dass es insgesamt eine hohe Zahl von Akteuren gibt, die bei umwelt- und natürlich in noch stärkerem Maße in nachhaltigkeitspolitischen Fragestellungen eine Rolle spielen. Angesichts der hohen Komplexität, die sich dadurch für Politikgestaltende ergibt, ist die Möglichkeit zu einem bloßen „Durchregieren" der Regierung deutlich in Zweifel zu ziehen. In der politikwissenschaftlichen Literatur werden diesbezüglich seit einiger Zeit die Grenzen politischer Steuerungsfähigkeit diskutiert, sodass vom kooperativen Staat gesprochen wird (vgl. Benz et al. 2007).

Kann es nun angesichts dieser „Politikverflechtung" (vgl. Benz et al. 2007) zwischen den verschiedenen Akteursgruppen überhaupt zu einer aktiven Politikgestaltung kommen, die zu einer wirksamen Veränderung führt? Hierzu bietet das im angelsächsischen Sprachraum entwickelte „Advocacy Coalition Framework" (ACF) einen analytischen Aufschlag, das originär auf die Betrachtung umweltpolitischer Abläufe und Prozesse entwickelt wurde. Dem Ansatz zufolge schließen sich Akteure der unterschiedlichen politischen Ebenen, die bei bestimmten politischen Themen gemeinsame Überzeugungen verbinden, zu oft auch informellen Koalitionen zusammen, um die entsprechenden Ziele zu verfolgen (vgl. Weible und Ingold 2018, S. 325). Dabei werden drei Arten von Grundüberzeugungen unterschieden (vgl. Sabatier und Weible 2019, S. 194 ff.):

- sehr schwer veränderliche und unabhängig vom jeweiligen Politikfeld bestehende „Deep Core Beliefs", also tief verwurzelte Grundüberzeugungen über das Wesen und die Funktionsweise der Welt und bestimmte Grundannahmen über fundamentale Werte wie Freiheit und Gerechtigkeit,
- bereits politikfeldspezifische, aber noch immer sehr stabile „Policy Core Beliefs", welche Grundannahmen über die Funktionsweise eines Politikfeldes und normative Überzeugungen bzgl. der Rolle des Staates im Politikfeld darstellen,
- und konkrete „Secondary Beliefs". Diese beschreiben Überzeugungen konkreter Art. Es geht um Wege und Konzepte, wie die Policy Core Beliefs praktisch umgesetzt werden können. Diese können durch neue Erfahrungen und in Abhängigkeit von der aktuellen Erkenntnis- und Datenlage regelmäßig angepasst werden.

Als entscheidend für die Bildung von Koalitionen gelten die Policy Core Beliefs, da sie gemeinsame Sichtweisen über die Definition von Problemen und abstrakt-normative Ziele bieten. Die Formierung und der Erhalt von Koalitionen kann über externe Schocks geschehen (vgl. Sabatier und Weible 2019, S. 200), wie beispielsweise die Atomkatastrophe von Fukushima. Diese führte ruckartig zu einer Änderung der politischen Grundüberzeugungen innerhalb der Bundesrepublik und als Folge zu einem beschleunigten Ausstieg aus der Atomenergie in Deutschland. Andere Wege, die zur Bildung von Advocacy Coalitions anspornen, können in Änderung gesellschaftlicher Werte (z. B. der gestiegenen Bedeutung von Nachhaltigkeit), in langfristigen Bedrohungsszenarien (z. B. der Bedrohung durch eine mögliche russische Attacke auf NATO-Gebiet) oder in Problemen liegen, die aus anderen Politikfeldern in das Politikfeld kurzfristig hineinwirken (z. B. die Auswirkungen einer wirtschaftlich schwierigen Lage auf die Nachhaltigkeit der sozialen Sicherungssysteme) (vgl. Weible und Ingold, 2018, S. 335). Das ACF betont jedoch auch den Stellenwert von Lernprozessen innerhalb von Koalitionen. Durch diese kann es zu Politikveränderungen kommen, etwa wenn bestimmte Erfahrungen oder politische Entwicklungen zu einer Anpassung der Secondary Beliefs führen oder, wenn Ereignisse größerer Art zu Änderungen der Policy Core Beliefs führen (vgl. Mastroianni 2024, S. 1477).

Der Ansatz nimmt auch an, dass es in einem Politikfeld im Zuge der Formierung einer Advocacy Coalition zu einer entsprechenden Gegenkoalition kommt. Beide Koalitionen bilden entsprechende Strategien zur Umsetzung ihrer politischen Ziele heraus, über deren Erfolg schließlich die formalen Entscheidungen von Regierungen und die offiziellen Beschlüsse der Gesetzgebungsorgane bestimmen werden (vgl. Sabatier und Weible 2019, S. 202). So könnte man beispielsweise annehmen, dass sich zur Betonung der Wichtigkeit ambitionierter Klimaschutzmaßnahmen, um die Grundlagen des wirtschaftlichen Handelns nicht zu gefährden, eine Gruppe aus eher linken und grünen Parteien mit Umwelt-NGOs, der Klimabewegung und Akteuren der Klimawissenschaft zusammenschließt. Dieser könnte eine gegensätzlich orientierte Koalition aus Industrie- und Wirtschaftsverbänden und eher konservativ-wirtschaftsliberalen Parteien gegenüberstehen, die eher das Risiko betonen dürfte, durch zu umfassende Klimaschutzmaßnahmen und damit verbundene bürokratische Auflagen das wirtschaftliche Wachstum zu gefährden. Die Advocacy Coalition, der es besser gelingt, die jeweilige politische Strategie umzusetzen, wird schließlich die Umsetzung ihrer politischen Ziele über entsprechende offizielle Mehrheitsbeschlüsse erreichen. Das AFC ist im Kontext von Konflikt- und Machttheorien ein nützlicher Analyse- und Beobachtungsansatz, um konkrete umwelt- und nachhaltigkeitspolitische Konflikte und Interessenlagen zu reflektieren.

Vertiefende Literatur

- zu den Akteuren der Umweltpolitik: Böcher & Töller (2012, S. 99 ff.)
- zur Unterscheidung zwischen verschiedenen Demokratietypen und der Verflechtung unterschiedlicher politischer Ebenen: Czada (2000)
- zu Theorien über gesellschaftliche Konflikte: Bonacker (2008)
- zum Advocacy Coalition Framework: Sabatier & Weible (2019)

Von Zyklen und vielschichtigen Strömungen: Wie strukturiert und wie strategisch erfolgt die Umwelt- und Nachhaltigkeitspolitik?

5

Eine Strategie ist für gewöhnlich mit einem zielorientierten und langfristigen Vorgehen verbunden, das im besten Fall eine planbare Abfolge umsetzt. Zur Frage, inwieweit das Vorgehen bei der Umwelt- und Nachhaltigkeitspolitik mit einem strategischen, strukturierten und planbaren Vorgehen verbunden ist, gibt es nicht die eine Antwort. Vielmehr scheint die Antwort auf die Frage von der Perspektive abzuhängen. So besteht der Anspruch der Umwelt- und Nachhaltigkeitspolitik sicherlich darin, eine möglichst langfristige Steuerung anzustreben. Gerade wegen der Herausforderungen einer transformativen Politik zu Einhaltung planetarer Grenzen und Stärkung intra- und intergenerationeller Gerechtigkeit ist die Nachhaltigkeitspolitik von Beginn als strategische Langfristpolitik angelegt. Nachhaltigkeitsstrategien und -zielsysteme – von den globalen Nachhaltigkeitszielen bis zu nationalen, regionalen und lokalen Nachhaltigkeitsstrategien – spiegeln diese Ausrichtung. Allerdings erfordern Spannungen und Herausforderungen im politischen Alltag des Öfteren, spontan auf Entwicklungen zu reagieren.

Zwei Ansätze, die als Pole eines Spektrums angesehen werden können, verdeutlichen diese strukturelle Spannung. Während die sogenannte „Planungsschule" ein möglichst konsequentes zielorientiertes Handeln auf Basis umfassender Vorbereitungen und langfristiger Planung als wünschenswert ansieht, sieht der Ansatz des „Inkrementalismus" vor, sich an den aktuellen Gegebenheiten auszurichten und sich Schritt für Schritt und situationsabhängig nach vorne zu arbeiten (vgl. Wagner 2003, S. 53). Die Planungsschule bietet Politikschaffenden die Möglichkeit, politische Herausforderungen gewissermaßen „vom Ende her zu denken" und den Wählenden ein hohes Maß an Berechenbarkeit aufzuzeigen. Demgegenüber bietet Inkrementalismus den Vorteil, die gewählte Strategie mit hoher Flexibilität schnell anzupassen und auf spontan eintretende Entwicklungen reagieren zu kön-

© Der/die Autor(en), exklusiv lizenziert an Springer Fachmedien Wiesbaden GmbH, ein Teil von Springer Nature 2026
M. Fischer, H. Heinrichs, *Umwelt- und Nachhaltigkeitspolitik*, essentials, https://doi.org/10.1007/978-3-658-50652-0_5

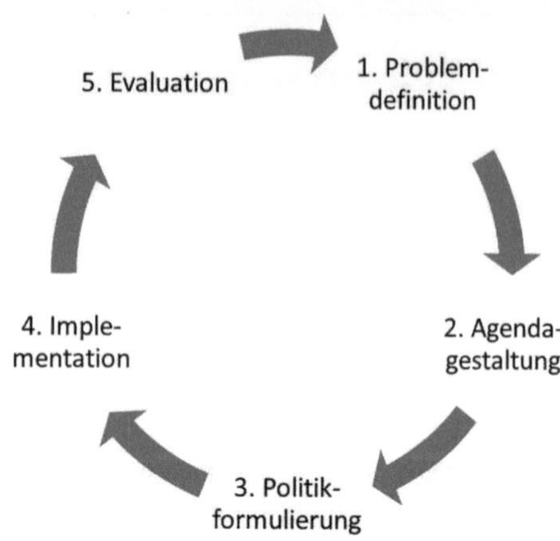

Abb. 5.1 Der Policy-Zyklus. (Eigene Darstellung auf Basis von Knill & Tosun 2015, S. 18)

nen, freilich jedoch zulasten der Transparenz im Hinblick auf die generelle politische Stoßrichtung und womöglich unter dem Vorwurf der Beliebigkeit (vgl. Fischer 2024, S. 27). In der politischen Realität werden zwar stets Mischformen aus dem Willen, politische Programme strategisch planen zu wollen und sie angesichts kurzfristiger Ereignisse flexibel anpassen zu müssen, anzutreffen sein. Dennoch sieht sich gerade die inkrementalistische Vorgehensweise mit dem Vorwurf konfrontiert, eher eine Art chaotisches „Durchwursteln", also ein „muddling through" (Lindblom 1959), denn eine Abfolge systematischer Schritte zu sein. Während Planungsschule und Inkrementalismus die Möglichkeit der strategischen Planung in den Blick nehmen, gibt es mit dem sogenannten Policy-Zyklus auf der einen und dem Multiple-Streams-Ansatz auf der anderen Seite zwei weitere Konzepte, die sich jedoch vorrangig auf die Entstehung konkreter Politik beziehen. Die beiden analytischen Modelle sind nicht unbedingt als Gegensätze zu sehen, sondern eher als zwei alternative Ansätze, um die Genese konkreter Politik darzustellen.

Der Policy-Zyklus schlägt zur Analyse der Politik einen klar formulierten Ablauf vor, der sich aus verschiedenen voneinander abgrenzbaren Phasen zusammensetzt. Es gibt verschiedene Darstellungen des Policy-Zyklus, die in Abb. 5.1 und im Folgenden aufgeführte Abfolge orientiert sich an den fünf Phasen nach Knill und Tosun (2015, S. 16 ff.). Zunächst wird in der *Problemdefinition* ein Problem als politisch relevant erkannt, beispielsweise indem wissenschaftliche Erkenntnisse darauf hindeuten, dass der Verkehrssektor in Deutschland einen überdurchschnittlichen Schadstoffausstoß erzeugt und dies zu einer Gefährdung der Klimaziele führt. In der darauffolgenden *Agendagestaltung* tragen Akteure – institutionelle Akteure wie Ministerien, aber ebenso politische Akteure im weiteren Sinne wie soziale Bewegungen, NGOs oder die Medien – dazu bei, dass die identifizierte Herausforderung auch politisch diskutiert wird. In der dritten Phase, der *Politikformulierung,* werden konkrete Lösungsvorschläge erarbeitet, etwa Gesetzestexte für ein generelles Tempolimit auf Autobahnen oder strengere Schadstoffbegrenzungen für die Automobilindustrie, und eine Festlegung auf eine konkrete Ausgestaltung der Politik getroffen, bei der es zu Versuchen der Einflussnahme durch verschiedene Interessengruppen kommt. In der Phase der *Implementation* steht die Umsetzung der getroffenen Entscheidungen durch die Verwaltungsbehörden im Mittelpunkt, die durchaus eigene Schwerpunkte in der Umsetzung setzen können, auch weil sich in der konkreten Politikimplementierung oft Herausforderungen ergeben, die in der abstrakten Politikformulierung womöglich noch nicht absehbar waren. In der letzten Phase, der *Evaluation,* wird die Umsetzung der Policy bewertet und abhängig vom Bewertungsergebnis eine Fortsetzung, eine Terminierung oder eine Änderung der Entscheidung eingeleitet.

Freilich lässt sich diese Betrachtung von Politik als Abfolge klar voneinander getrennter idealtypischer Schritte deutlich kritisieren: Etwa die Abwesenheit von Begründungen, warum es zu einer bestimmten Politik kommt; die in der Realität häufig zu beobachtende Abweichung von sukzessiven Schritten der Politikgestaltung; oder den im Zyklus implizierten „Problemlösungsbias", indem Politik durch das Modell automatisch mit Problemlösung assoziiert wird, während die tatsächliche Natur politischer Prozesse vielmehr als schwer zu durchschauende Black Box anzusehen ist (vgl. Böcher und Töller 2012, S. 182 f.). Eine alternative Betrachtung auf das Zustandekommen konkreter Politikmaßnahmen bietet deshalb der Multiple-Streams-Ansatz nach John Kingdon, der das Vorhandensein von drei voneinander weitgehend unabhängigen „Streams" beschreibt (vgl. Béland und Howlett 2016, S. 222):

- Der *Problem Stream* stellt politische Herausforderungen dar, die die Aufmerksamkeit der Politikschaffenden auf sich ziehen, etwa in Folge aktueller Ereignisse und Krisen oder durch eine akute Rückmeldung aus bestimmten Politikfeldern. So könnte beispielsweise eine Reihe untypisch heißer Sommertage zu einer öffentlichen Diskussion über den Klimawandel führen.
- Der *Policy Stream* ist durch den Output von Experten und Analysten gekennzeichnet, die aus der potenziell unendlichen Menge politischer Ideen konkrete Vorschläge zur Lösung politischer Herausforderungen entwickeln. So könnte der Policy Stream bestimmte Optionen zur Reduktion klimaschädlicher Gase beinhalten.
- Der *Political Stream* beschreibt demgegenüber die Faktoren und Entwicklungen, die die öffentliche Meinung beeinflussen, etwa bestimmte politische

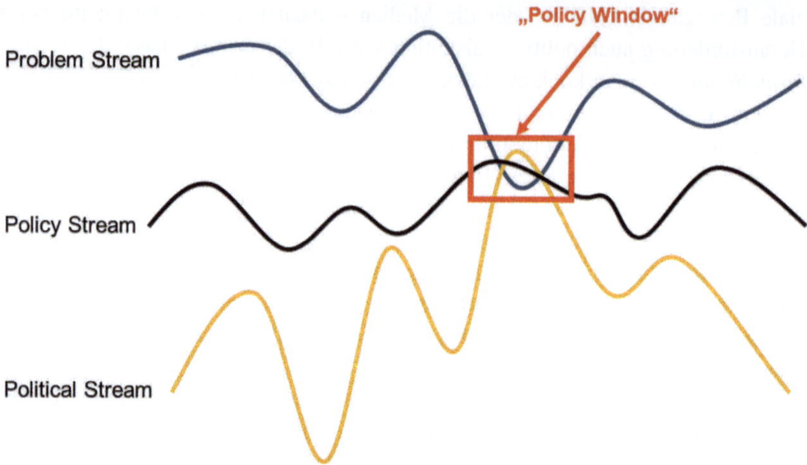

Abb. 5.2 Bildliche Darstellung der drei Streams innerhalb des MSA. (Eigene Darstellung)

Konstellationen, wie etwa die herrschende Regierungskoalition, die öffentliche Meinung oder bestimmte vorherrschende politische Stimmungen. Beispielsweise wäre hier eine Regierungsmehrheit aus Parteien mit einer bestimmten Orientierung denkbar oder ein starkes Aufgreifen der Klimapolitik durch die Medien.

Kingdon (2014, S. 165 ff.) nimmt an, dass es zu bestimmten Zeiten zu einer metaphorischen Überschneidung der Streams kommt, dass also eine politische Problemwahrnehmung mit dem Vorhandensein geeigneter politischer Alternativen und einer entsprechend politisch günstigen Konstellation zusammenfällt. In diesem Fall, der auch in Abb. 5.2 dargestellt ist, kommt es zur Öffnung eines „Policy Windows", eines politischen Gelegenheitsfensters, das die konkrete Umsetzung bestimmter Politikmaßnahmen, im genannten Beispiel die Umsetzung klimapolitischer Maßnahmen, ermöglicht.

Wie lässt sich die Diskussion um die strukturierte Abfolge von Politikgestaltung zusammenfassen? Die Entstehung politischer Entscheidungen scheint einer gewissen Systematik zu folgen, die vorgeschlagenen Abfolgen sollten jedoch nicht als empirische Kategorien missverstanden werden, sondern als Strukturierungshilfen, da das konkrete Zustandekommen von Politik vom Zusammentreffen bestimmter Kontextfaktoren abhängig ist. Oft ist es in der Tat so, dass auch die besten politischen Vorschläge schlicht nicht auf die politische Agenda gelangen, etwa weil nicht die entsprechende Problemwahrnehmung vorhanden ist oder weil andere politische Probleme priorisiert behandelt werden. Politische Entscheidungen sind auf diese Weise oft genug auch Zufallsprodukte, was die Langfristorientierung strategischer Umwelt- und Nachhaltigkeitspolitik, insbesondere durch Wahlzyklen, erschwert.

Vertiefende Literatur

- zur Diskussion um Planungsschule und Inkrementalismus: Fischer (2024, S. 26 f.)
- zum Policy-Zyklus: Knill & Tosun (2015, S. 16 ff.)
- zum Multiple-Streams-Ansatz: Herweg & Zohlnhöfer (2022)

Anreize, Informationen, Verbote: Was sind die Instrumente der Umwelt- und Nachhaltigkeitspolitik? Und welche Instrumente zeigen die größte Wirkung?

Politik erschöpft sich gemeinhin nicht darin, die gesellschaftlichen Rahmenbedingungen, im Sinne einer passiven Laissez-faire-Haltung sich selbst zu überlassen. Sie ist mit einem aktiven Gestaltungswillen der Politikbetreibenden verbunden, die je nach politischer Ausrichtung unterschiedliche politische Ziele zu erreichen suchen. Hierfür stehen ihnen verschiedene Instrumente zur Verfügung, die jeweils Vor- und Nachteile aufweisen.

So kann man klassischerweise zwischen drei Instrumenten-Typen unterscheiden (vgl. Stechemesser et al. 2024):

- *Regulatorische Instrumente* bieten die Möglichkeit, Menschen auf Basis von Ge- oder Verboten, die meist durch gesetzliche Vorschriften oder Verordnungen erlassen werden, zu einem bestimmten Handeln oder Unterlassen zu bringen. Beispiele könnten in Tempolimits auf öffentlichen Straßen oder die Vorgabe von Maximalvorschriften für den Schadstoffausstoß gesehen werden. Während dieser Typus den Vorteil bietet, die Handlungsfähigkeit und Entschlossenheit des Staates zu demonstrieren und über die Vorgabe allgemein gültiger Regeln auch dem Gerechtigkeitsempfinden der Bevölkerung zu entsprechen, ist als Nachteil zu nennen, dass regulatorische Instrumente in der Regel erheblichen Kontrollaufwand mit sich bringen, um die Umsetzung zu überwachen. Hinzu kommt der Vorwurf der „Überregulierung" angesichts einer ohnehin schon starken Bürokratielast.
- *Ökonomische Instrumente,* die in sich nochmals in preis- und subventionsbasierte Instrumente unterschieden werden können. Subventionsbasierte Instrumente versuchen, das Verhalten der Menschen durch bestimmte finanzielle Anreize wie Steuervergünstigungen und direkte finanzielle Zuschüsse in die ge-

M. Fischer, H. Heinrichs, *Umwelt- und Nachhaltigkeitspolitik*, essentials, https://doi.org/10.1007/978-3-658-50652-0_6

wünschte Richtung zu lenken. Preisbasierte Instrumente versehen als schädlich festgelegtes Verhalten (etwa den CO_2-Ausstoß) entweder mit einem Preis (CO_2-Steuer je ausgestoßener Tonne CO_2) oder legen über die Ausgabe von Zertifikaten eine Maximalmenge des zulässigen Schadstoffausstoßes fest, die stetig reduziert wird, wodurch der Preis je Zertifikat, das unter den betroffenen Unternehmen auch gehandelt werden darf, immer weiter steigt. Ökonomische Instrumente setzen auf Flexibilität und die individuelle unternehmerische Verantwortung der Marktteilnehmer. Preisbasierte Instrumente weisen den Vorteil auf, dass Unternehmen dort Emissionen einsparen können, wo es am günstigsten ist. Indem Unternehmen mit hohen Vermeidungskosten dennoch (anders als bei Verboten) am Markt teilnehmen können und dabei die Steuerlast auf sich nehmen bzw. entsprechende Zertifikate übernehmen, führt dies zu öffentlichen Einnahmen, die etwa zur Kompensation sozialer Härten, zur Förderung von Innovationen oder einfach als „Prämie für alle" zurückgezahlt werden können. Indem dieser Instrumententyp Umweltverschmutzung und Schadstoffausstoß mit einem Preis versieht, führt er zur Internalisierung von Kosten, die vorher in der Regel durch die Allgemeinheit zu tragen waren. Direktzahlungen über Subventionen bergen das Risiko, entweder öffentliche Gelder mit der Gießkanne zu verteilen oder einzelne Branchen gezielt zu bevorzugen, was notwendigerweise Gerechtigkeitsfragen mit anderen Branchen aufwerfen wird.

- *Informatorische Instrumente* zielen darauf ab, über die Bereitstellung von Informationen zu wirken. Das kann über bestimmte Labels sein (Beispiele wären Umweltsiegel), die Veröffentlichung von Statistiken zur Förderung der Meinungsbildung oder bestimmte Kampagnen (z. B. Nichtraucherkampagnen). Informatorische Instrumente wollen das Verhalten der Akteure nicht durch Zwang ändern, sondern setzen auf Freiwilligkeit und Eigenverantwortung. In der fehlenden Durchsetzungsfähigkeit besteht allerdings eine große Schwäche, wenn sich eine gewünschte Verhaltensanpassung nicht einstellt. Daher bieten sich informatorische Instrumente gegebenenfalls als gute Ergänzung an, um „harte" Instrumente über die Bereitstellung von Informationen zu flankieren.

Ergänzend können noch partizipative Instrumente, die über den Einbezug der Betroffenen zu einer höheren Akzeptanz der getroffenen Entscheidungen führen sollen, sowie prozedurale Instrumente genannt werden, wobei letztere das Verhalten der Akteure durch Vorgabe von Prozessstandards in die ein oder andere Richtung lenken (vgl. Böcher und Töller 2012, S. 80 f.): Beispiele hierfür sind die Umweltverträglichkeitsprüfung oder EU-Standards, nach denen größere Unternehmen über ihre Nachhaltigkeitsleistungen zu berichten haben (vgl. Kap. 8 dieses *essentials*). Ein Hybrid aus Politikansatz und Instrument sind Zielsysteme wie die

SDG's zur Gestaltung komplexer Politikfelder, und damit verbunden Nachhaltigkeitsstrategien als koordinierendes Politikinstrument (vgl. Biermann et al. 2017). Schließlich werden in jüngerer Zeit Instrumente einer „experimentellen Politik" konzipiert und erprobt; dazu gehören vor allem sogenannte „Reallabore", in denen unter wissenschaftlicher Begleitung realweltliche Interventionen durchgeführt werden, um systemische Innovationen modellhaft zu testen (vgl. Schneidewind und Singer 2015).

Welche Instrumente entfalten nun in Bezug auf die Umwelt- und Nachhaltigkeitspolitik die größte Wirkung? In einer sehr umfassenden Studie hatten Stechemesser et al. (2024) die Wirksamkeit der drei klassischen Instrumententypen am Beispiel der Klimapolitik empirisch untersucht. Hierzu hatten sie im Zeitraum von 1998 bis 2022 Daten aus 41 Ländern auf sechs verschiedenen Kontinenten anhand der vier Sektoren „Buildings", „Electricity", „Industry" und „Transport" analysiert. Obwohl es an dieser Stelle nicht möglich ist, auf alle Details der Studie einzugehen, lässt sich die Tendenz ableiten, dass ein „Policy Mix", also die gleichzeitige Anwendung mehrerer Instrumente, die wirksamsten Emissionsreduktionschancen bietet (die Lage unterscheidet sich teils stark von Sektor zu Sektor und zwischen dem wirtschaftlichen Entwicklungsstand der Länder, es gibt also keine individuelle „one-size-fits-all"-Lösung; vgl. Stechemesser et al. 2024, S. 891). Besonders im Industry-Sektor von wirtschaftlich weit entwickelten Ländern können preisbasierte Maßnahmen auch als individuelles Instrument sehr effektiv wirken, in den anderen betrachteten Sektoren wirtschaftlich weit entwickelter Länder sind sie jedoch eher als eine Teil-Maßnahme innerhalb eines Policy-Mix' wirksam (vgl. die Grafiken in Stechemesser et al. 2024, S. 890). Die Studie deutet insgesamt auf geringere Effekte isolierter Maßnahmen hin, während Maßnahmen etwa regulatorischer und subventionierender Art, insbesondere als komplementäre Instrumente in Policy-Mixes, eine verstärkende Wirkung erzielen können (vgl. Stechemesser et al. 2024, S. 889). Insgesamt fügen sich die Ergebnisse in das Bild, dass ein gut koordinierter Mix von Politikinstrumenten, verstanden als „smart regulation", für eine innovative Umweltpolitik als förderlich angesehen wird (vgl. Jänicke 2008).

Auch wenn an diesem Beispiel eine erste Einschätzung der Wirksamkeit politischer Instrumente getroffen werden konnte, weisen Stechemesser et al. (2024, S. 891) für den Klimaschutz als besonders wichtiger umwelt- und nachhaltigkeitspolitischer Herausforderung darauf hin, dass die Gesamtsumme aller bisherigen Anstrengungen bei weitem nicht ausreicht, um die wissenschaftlich als notwendig identifizierte Emissionsreduktion zu erreichen. Die bisherigen Anstrengungen können entsprechend nur als Auftakt gesehen werden, um global auf eine klimaneutrale Zukunft hinzuarbeiten.

Vertiefende Literatur

- zu den einzelnen Instrumenten im Detail: Böcher & Töller (2012, S. 74 ff.)
- zur Wirksamkeit der Instrumente am Beispiel der Klimapolitik: Stechemesser et al. (2024)

Theorien der Staatstätigkeit: Welche Faktoren bestimmen die Umwelt- und Nachhaltigkeitspolitik?

7

Im letzten Abschnitt wurden unterschiedliche Instrumente, die dem Staat prinzipiell zur Verfügung stehen, und deren Wirksamkeit behandelt. Nun gilt es, einen Blick auf die Frage zu werfen, welche Faktoren tatsächlich das staatliche Handeln in Umwelt- und Nachhaltigkeitspolitik bedingen. Verschiedene Theorien mit jeweils unterschiedliche Erklärungsansätze für staatliches Handeln hat die sogenannte „Heidelberger Schule der Staatstätigkeitsforschung" erarbeitet. Im Folgenden werden die Theorieperspektiven nach Zohlnhöfer (2008) kurz skizziert und im Hinblick auf die Umwelt- und Nachhaltigkeitspolitik veranschaulicht:

- **Der Ansatz der sozio-ökonomischen Determination:** Der erste Ansatz geht davon aus, dass sich eine spezifische Politik vor allem dadurch ergibt, dass die politisch Handelnden auf bestimmte soziale und/oder ökonomische Veränderungsdynamiken reagieren müssen. Nach diesem theoretisch-konzeptionellen Ansatz ist der Handlungsspielraum der Regierenden eher klein und als reaktiv zu bezeichnen. Die Politik reagiert lediglich auf Herausforderungen, die sich aus sozio-ökonomischen Entwicklungen ergeben. Diesem Ansatz folgend, würde im Hinblick auf eine finanzielle Nachhaltigkeitspolitik folgender Schluss geführt: Die soziale Herausforderung des demografischen Wandels bedingt eine bestimmte Politik, um einer Überlastung der Wirtschaft durch einen zu üppig ausgebauten Sozialstaat vorzubeugen, etwa die Kürzung von Sozialleistungen. Natürlich sollte, diesem theoretisch-konzeptionellen Ansatz folgend, der Schluss in anderen Ländern bei gleichen Herausforderungen analog ausfallen.
- **Der Ansatz der Machtressourcen organisierter Interessen:** Dieser Ansatz betont die Rolle der politischen Auseinandersetzung, der Politics. Einer „Arbeitnehmerseite" mit Fokus auf die Interessen von Gewerkschaften und Parteien

© Der/die Autor(en), exklusiv lizenziert an Springer Fachmedien Wiesbaden GmbH, ein Teil von Springer Nature 2026
M. Fischer, H. Heinrichs, *Umwelt- und Nachhaltigkeitspolitik*, essentials,
https://doi.org/10.1007/978-3-658-50652-0_7

des linken politischen Spektrums steht die „Kapitelseite" entgegen, die sich aus bürgerlichen Parteien und Arbeitgeberverbänden zusammensetzt. Je mehr Ressourcen einer der beiden Seiten zur Verfügung stehen, desto mehr wird die jeweilige Seite in der Lage sein, die Politik in „ihre" Richtung lenken zu können. Während der Ansatz ursprünglich dazu diente, das Ausmaß sozialstaatlicher Elemente in einem Staat zu erklären, könnte man analog in der Umweltpolitik annehmen, dass es hier um einen Gegensatz zwischen der Kapitalseite auf der einen Seite und von Parteien und NGOs mit Fokus auf Umweltthemen geht. Die Vermutung wäre, dass es in Zeiten, in denen es beispielsweise aufgrund einer Wirtschaftskrise eher um die Stärkung der Wirtschaft geht, zu einer Politik kommen würde, die zulasten von Umweltthemen handeln würde.

- **Der Einfluss von Parteien:** Dieser Ansatz, ist auch als „Parteiendifferenzhypothese" bekannt. Er geht davon aus, dass die parteipolitische Zusammensetzung der Regierung auch die Richtung der eingeschlagenen Politik definiert. Demnach misst diese Hypothese dem Resultat von Wahlen erhebliche Bedeutung bei, da die Steuerungsmöglichkeit der auf Basis des Wahlergebnisses gebildeten Regierung als relativ umfassend eingeschätzt wird. In Bezug auf die Umwelt- und Nachhaltigkeitspolitik würde man bei diesem Ansatz entsprechend vermuten, dass die starke Repräsentanz von Parteien, die in ihren Programmen einen starken Fokus auf Umwelt- und Nachhaltigkeitsthemen legen, auch zu einer stärkeren Umsetzung entsprechender politischer Ansätze führen würden.

- **Der Ansatz von Institutionen und Vetospielern:** Hier wird davon ausgegangen, dass bestehende Institutionen den Handlungsspielraum einer Regierung begrenzen und zur Notwendigkeit führen, die eigenen Pläne mit einer Vielzahl institutioneller Akteure abzustimmen und zu koordinieren. Besonders wichtig sind in diesem Zusammenhang mögliche Vetospieler, definiert als Akteure, deren Zustimmung nötig ist, um ein politisches Vorhaben umzusetzen. Der Ansatz legt nahe, dass aufgrund der Vielzahl notwendiger Abstimmungsprozesse eine Kursänderung umso schwerer ist, je mehr Vetospieler an einem Prozess beteiligt sind. Auf Deutschland lässt sich dies insbesondere anwenden, wenn es um sogenannte „zustimmungspflichtige Gesetze" durch den Bundesrat geht. Besonders wenn der Bundesrat nicht dieselbe parteipolitische Mehrheit wie der Bundestag und die von ihm gewählte Regierung aufweist, kommt dem Bundesrat bei dieser Art von Gesetzen – oft Gesetze, die die Bundesländer betreffen – eine Rolle als potenzieller Vetospieler zu. Und es leuchtet ein, dass die Abstimmung der Regierung mit dem Bundesrat oft auch zur Notwendigkeit führt, bestimmte Zugeständnisse zu machen, um die eigenen Vorhaben umzusetzen. Da gerade die Umweltpolitik in hohem Maße durch Direktiven der EU-Ebene geprägt ist, trägt die Veto-Spieler-Theorie nicht nur zum Verständnis der

Politikprozesse im föderalen Deutschland bei, sondern auch im politisch-administrativen Mehrebenensystem der Europäischen Union. Prägnante Beispiele dafür aus der jüngeren Zeit sind die Veto-Spieler-Aktivitäten um das sogenannte „Verbrenner-Aus" und den Übergang zur Elektromobilität.

- **Die internationale Hypothese:** Es handelt sich um einen theoretisch-konzeptionellen Ansatz, der zwischen den Auswirkungen der Globalisierung und der europäischen Integration unterscheidet. Bei ersterem wird vermutet, dass globale Entwicklungen zu einem nationalen Problemdruck führen, der zu einer Anpassung der nationalen Gesetze führt. Auf dieser Basis könnte man beispielsweise argumentieren: Die durch die amerikanische MAGA-Bewegung ausgeübten Zwänge (z.B. auf Werte wie Vielfalt, Gerechtigkeit und Teilhabe oder ihre Abkehr von der Klimapolitik samt der Rückkehr zur Rekarbonisierung) führen zu einem Druck auf die nationale Politik, ihrerseits die umwelt- und nachhaltigkeits- und klimapolitische Regulierung zu lockern. Natürlich sind dies zwei Beispiele, die eher kritisch betrachtet werden können. Die Orientierung an internationalen Standards lässt sich jedoch auch positiv betrachten – im Sinne von lernender Politik (vgl. Schubert und Bandelow 2014, S. 20) können Staaten innovative politische Konzepte, die sich in anderen Staaten bewähren, für das eigene Land übernehmen (vgl. Jänicke 2008). So kann man umwelt- und nachhaltigkeitspolitisch argumentieren, dass eine erfolgreich durch deutschland bewältigte Energiewende, in der es gelänge, eine hochentwickelte Industriegesellschaft mit steigendem Energiebedarf vollständig auf Basis von erneuerbaren Energien zu versorgen, ein beispielgebendes „Exportmodell" für andere Länder bieten würde. Ebenso könnte die Entwicklung der „Fridays for Future"-Bewegung zu einer globalen Bewegung von Klimaschützern, die in verschiedenen Ländern Verbreitung fand, mit Bezug auf die internationale Hypothese erklärt werden. Die Auswirkungen der europäischen Integration hingegen beziehen sich darauf, dass die Mitglieder der EU verpflichtet sind, bestimmte europäische Rechtsakte umzusetzen. Damit sind sie ein „supranationaler Sonderfall", auf den in Kap. 8 dieses *essentials* noch näher eingegangen wird.
- **Der Ansatz des Politikerbes und der Pfadabhängigkeit:** Politikerbe beschreibt die Tatsache, dass jede neue Regierung sich mit Regelungen und Verpflichtungen auseinanderzusetzen hat, die bereits von vorigen Regierungen eingegangen und daher verbindlich einzulösen sind. Dies hat in der Regel nicht nur weitreichende Auswirkungen auf die zur Verfügung stehende finanzielle Bewegungsfreiheit, die durch das übernommene politische Erbe oft bereits stark eingeschränkt ist. Es limitiert zudem enorm den Handlungsspielraum für die Umsetzung politischer Neuerungen. Der in Wahlkämpfen oft unternommene Versuch, für einen grundlegenden Politikwechsel zu sorgen, sorgt nach der

Übernahme der Regierungsverantwortung daher nicht selten für Enttäuschung bei den Wählenden und der Parteibasis. In eine ähnliche Richtung argumentiert der Ansatz der Pfadabhängigkeit: Einmal eingeschlagene politische Pfade schränken den Raum für neue politische Vorhaben stark ein. Hintergrund ist, dass ein beschrittener Pfad bestimmte Anreize setzt, auf die sich die gesellschaftlichen, politischen und wirtschaftlichen Akteure einstellen und deren signifikante Änderung mit hohen Kosten verbunden wäre. Zwar handelt es sich nicht um einen Pfaddeterminismus, also um einen vorgegebenen Pfad, dem unter allen Umständen zu folgen ist. Aber durch die Pfadabhängigkeit wird zumindest die Wahrscheinlichkeit verringert, dass ein grundsätzlich eingeschlagener Pfad schnell und friktionslos verlassen werden kann. Nachdem sich Deutschland seit den 1990er Jahren in vielen internationalen Umweltabkommen zur Nachhaltigkeit eingebracht und diese in nationale Gesetze überführt hat, kann es nun beispielsweise auf Basis dieser Ansätze als unwahrscheinlich gelten, dass sich Deutschland für eine grundsätzliche Abkehr von Umweltschutz entscheidet und radikal Umweltschutzgesetze aufhebt.

Erneut gilt: Bei diesen Denkschulen handelt es sich um pointierte Zuspitzungen, die sich bei Vorliegen verschiedener Voraussetzungen besser oder schlechter dazu eignen, politische Ergebnisse zu erklären. Im Normalfall wird sich Politik durch eine Mischung der Ansätze am besten interpretieren lassen. Die hier explizit vorgenommene Unterscheidung unterstützt dabei, einer unsystematischen Betrachtung von Politikmaßnahmen vorzubeugen und ermöglicht eine Einschätzung, welcher Ansatz in welcher Einzelfallkonstellation womöglich mehr oder weniger aussagekräftig ist.

Vertiefende Literatur

- zu den einzelnen theoretischen Ansätzen im Überblick: Zohlnhöfer (2008)
- zu den einzelnen theoretischen Ansätzen in ausführlicher Form: Schmidt et al. (2007, S. 19–118)

Die europäische Perspektive: Wie wirkt die EU in Bezug auf die Umwelt- und Nachhaltigkeitspolitik?

8

Seit den Grundzügen der europäischen Einigung, etwa durch Konstituierung der Europäischen Wirtschaftsgemeinschaft im Zuge der Römischen Verträge 1957, die Gründung der Europäischen Union (EU) als politisch-wirtschaftlicher Union oder der verfassungsähnliche Vertrag von Lissabon im Jahr 2009, hat sich ein umfassendes Institutionengeflecht gebildet: In populistisch angehauchten Diskussionen eignet es sich gut dazu, wahlweise mit Erstaunen oder Wut auf „die in Brüssel" und die umfassende Bürokratie zu blicken. Betrachtet man die EU mit einem nüchtern-deskriptiven Blick, lässt sich feststellen, dass die inzwischen 27 Mitgliedsstaaten im Laufe der Zeit Souveränität an die supranationale Union abgegeben haben. Sie haben die EU befähigt, Verordnungen *(Regulations)* zu erlassen, die unmittelbar und einheitlich in den Mitgliedsstaaten gelten. Ebenso kann die EU Richtlinien *(Directives)* beschließen, die den Mitgliedsstaaten verbindliche Ziele vorgeben, diesen aber gleichzeitig Spielräume bei der Umsetzung in nationales Recht lassen. Die Staats- und Regierungschefs bilden als Europäischer Rat das höchste Gremium der EU und legen die grundlegenden Entwicklungslinien fest. Bei Verstoß gegen EU-Recht ist – nach einer Reihe von vorigen Sanktionsmaßnahmen – eine Klage vor dem Europäischen Gerichtshof (EuGH) möglich. Der EuGH wird landläufig häufig mit dem Europäischen Gerichtshof für Menschenrechte EGMR verwechselt, der insbesondere über die Verletzung von Menschenrechten entscheidet, aber nicht als EU-Institution fungiert. (Der EGMR ist Teil des Europarats, der auch Nicht-EU-Länder als Mitgliedsstaaten umfasst.)

Obwohl die zahlreichen Organe, Einrichtungen und Agenturen der EU sowie die komplexen Verfahren der Meinungsbildung und Entscheidungsfindung an dieser Stelle nicht vertieft behandelt werden können, ist für den Erlass von Rechtsakten das sogenannte „Dreieck" der EU-Institutionen zentral (vgl. Europäisches

© Der/die Autor(en), exklusiv lizenziert an Springer Fachmedien Wiesbaden GmbH, ein Teil von Springer Nature 2026
M. Fischer, H. Heinrichs, *Umwelt- und Nachhaltigkeitspolitik*, essentials,
https://doi.org/10.1007/978-3-658-50652-0_8

Parlament 2024). Die EU-Kommission, die als eine Art Regierung der EU anzusehen ist, erarbeitet Gesetzesvorschläge. Über diese Vorschläge wird im Anschluss in einem komplexen Verhandlungsverfahren, dem Trialog und dem ordentlichen Gesetzgebungsverfahren *(„Ordinary Legislative Procedure")* zwischen der *EU-Kommission,* dem *Rat der Europäischen Union* (auch „Ministerrat" genannt), der sich aus den jeweiligen Fachministerinnen und -ministern der Mitgliedsstaaten zusammensetzt, und dem *Europäischen Parlament* mit seinen 720 direkt und für fünf Jahre gewählten Mitgliedern diskutiert und entschieden. Die Gesetzgebung ist in hohem Maße durch komplexe Verhandlungs- und Kompromissfindungsmechanismen gekennzeichnet. Der EU-Kommission obliegt die Überwachung der Umsetzung der EU-Verträge und der auf ihrer Basis beschlossenen Rechtsakte, weshalb sie auch als „Hüterin der Verträge" bezeichnet wird. Das EU-Parlament kontrolliert die EU-Kommission und stimmt über die Vorschläge des Europäischen Rats zur Besetzung der Kommission ab, hat aber bislang anders als reguläre Parlamente kein eigenes Gesetzesinitiativrecht.

Zahlreiche Aspekte der Umwelt- und Nachhaltigkeitspolitik werden auf europäischer Ebene beschlossen, gerade die Umweltpolitik wurde als das „am stärksten ‚europäisierte' Politikfeld überhaupt" (Böcher und Töller 2012, S. 163) bezeichnet. Zum Verständnis der Wirkungsweise der auf recht abstrakter Ebene wirkenden EU-Institutionen kann die Theorieperspektive des sogenannten Neo-Institutionalismus beitragen. Nach dieser Theorie werden Institutionen (nicht nur formale Akteure wie Parlamente und Regierungen, sondern auch Normen und Gesetze) nicht nur durch menschliches Handeln geprägt, sondern prägen auf regulatorischer und psychologischer Ebene das Verhalten von Menschen (vgl. Schulze 1997, S. 7). In Bezug auf Nachhaltigkeit unterscheiden Mahmood und Uddin (2021) in diesem Theoriekontext vier spezifische institutionelle Logiken:

- Aktivierung von nachhaltigem Verhalten durch formale Regulierung *(Regulatory Logic),* z. B. durch supranationale Setzungen und Implementation in Mitgliedsstaaten
- Etablierung kollektiver Normen *(Responsibility Logic)*
- Transparenz gegenüber Stakeholdern *(Transparency Logic)*
- oder finanzielle Anreize *(Business Logic),* wie sie z. B. in nachhaltigkeitsorientierten Förderprogrammen und Finanzierungsmechanismen bestehen können.

Wie institutionelle Logiken dazu dienen können, um gezielte Anreize in Richtung einer nachhaltigen Entwicklung zu setzen, soll ein kurzer Blick auf zwei konkrete Beispiele der EU-Politik zeigen. In Bezug auf die EU-Richtlinie zur Nachhaltigkeitsberichterstattung von Unternehmen, die Corporate Sustainability Reporting Directive – kurz CSRD, hat sich die EU für einen umfassenden Rückgriff auf die Regulatory Logic entschieden. Sie ist Teil des größer angelegten European Green Deal, der als europäische Wachstumsstrategie die EU bis 2050 zum ersten klimaneutralen Kontinent machen und zugleich für eine prosperierende und gerechte Gesellschaft sorgen will. Damit weitet die Richtlinie die vorher bestehenden Anforderungen an die betroffenen Unternehmen zur Nachhaltigkeitsberichterstattung massiv aus. Indem die Berichterstattung über ökologische, soziale und Governance-Themen (die sogenannten ESG) nicht mehr als getrennter nichtfinanzieller Bericht, sondern als Teil des Lageberichts zu veröffentlichen ist, der zudem extern geprüft wird, wird eine faktische Gleichstellung zwischen Finanz- und Nachhaltigkeitsberichterstattung angestrebt. Angestrebt ist eine Zunahme der Wichtigkeit von ESG-Themen und die zwischen den betroffenen Unternehmen hergestellte Transparenz. Beispielsweise ermöglicht sie auch Banken in der Vergabe von Krediten den Vergleich zwischen ESG-Scores. Somit wird ein starker Anreiz gesetzt, Maßnahmen in Richtung Nachhaltigkeit umzusetzen. Durch die Verbundenheit der großen, berichtspflichtigen Unternehmen mit kleinen und mittelständischen Unternehmen sowie der Notwendigkeit, im Zuge der Regularien auch über die Nachhaltigkeitsaspekte in den vor- und nachgelagerten Wertschöpfungsketten zu berichten, wurde erwartet, dass die CSRD-Regularien sich im Sinne eines „Durchsickerns" (Trickle-Down-Effekt) letztlich auf das Verhalten aller Wirtschaftsakteure auswirken (vgl. Ahern 2023, S. 12 ff.). Die ambitionierte CSRD-Regulierung hat allerdings starke Kritik von Interessengruppen, insbesondere Unternehmensverbänden und Mitgliedsstaaten hinsichtlich bürokratischer Anforderungen hervorgerufen. In der Folge der Meinungsbildungs- und Entscheidungsprozesse rund um die CSRD ist nun eine umfassende Entbürokratisierung erfolgt. Künftig ist die Mehrheit der Unternehmen von der Pflichtberichterstattung ausgenommen und die zu berichtenden Datenpunkte wurden deutlich reduziert (vgl. Mittwoch 2025).

Ein weiteres bedeutsames Feld der europäischen Ebene, wenn es um Umwelt- und Nachhaltigkeitspolitik geht, ist die Agrarpolitik. Im Jahr 2023 flossen mit 57,5 Mrd. EUR noch immer ein Viertel der gesamten EU-Haushaltsmittel in die Gemeinsame Europäische Agrarpolitik (GAP); im Jahr 1980 lag der Anteil mit 11,6 Mrd. EUR noch bei 73 % (vgl. Europäische Kommission o. J.). Von diesen Mitteln wird ein großer Teil als Direktzahlungen ausgegeben. Daher kann die GAP als gutes Anschauungsbeispiel für die Möglichkeit herangezogen werden, um über finanzielle Anreize nachhaltiges Handeln zu stimulieren. Die Finanzierung der GAP erfolgt über zwei große Säulen: Der Großteil der Mittel erfolgt über Direktzahlungen an Landwirtschaftsbetriebe und Marktunterstützungsmaßnahmen. Seit den 2000er-Jahren hat sich mit Programmen zur Entwicklung des ländlichen Raums eine zweite Säule etabliert, in denen auch über den Agrarsektor hinausgehende Fördermaßnahmen zur ländlichen Entwicklung zusammengefasst werden (vgl. Weingarten 2018, S. 57 ff.). Aufgrund der hohen finanziellen Aufwände für einen – anders als in früheren Jahrzehnten – relativ kleinen Wirtschaftszweig ist auch die Agrarpolitik Gegenstand kontroverser Diskussionen.

In den vergangenen Jahren lässt sich das Bestreben erkennen, die finanziellen Förderungen gerade in den Direktzahlungen gezielt an das Erreichen bestimmter ökologischer Vorgaben oder auch Möglichkeiten zu koppeln. Gerade seit 2014 lässt sich die Ambition hin zu einer „Begrünung der Direktzahlungen" (Weingarten 2018, S. 60) beobachten. Zwischen 2023 und 2027 soll beispielsweise ein Viertel der Direktzahlungen im Rahmen von sogenannten Eco-Schemes fließen, d. h. Landwirtschaftsbetriebe erbringen freiwillig zusätzliche Umweltleistungen und erhalten dafür zusätzliche finanzielle Mittel ausgezahlt. Während dies einerseits die Chance zu einer ökologischen Transformation der Landwirtschaft eröffnet, wird andererseits ein Spannungsverhältnis mit den Marktteilnehmenden, die sich auf die konventionellen Förderstrukturen eingestellt haben, eröffnet (vgl. Kreitz 2023, S. 33). Letztlich macht dieses Spannungsverhältnis die GAP zu einem äußerst sensiblen Politikfeld, indem sich das Vorhandensein großer finanzieller Anreize mit einem diffusen Gemisch aus nationalen Interessen, ökologischen Ambitionen und oft auch widersprüchlichen Positionen unterschiedlicher Interessengruppen (NGOs, Agrarlobby, Großbetriebe, Kleinbetriebe etc.) schneidet.

Zusammenfassend kann festgestellt werden, dass die EU als zentrale Akteurin in Bezug auf die Umwelt- und Nachhaltigkeit wirkt. Durch regulative und finanzielle Instrumente besitzt sie große Hebel zur Förderung nachhaltigen Handelns, die sich allerdings einem diffizilen Aushandlungsmechanismus zu stellen haben. In diesem Rahmen führen verschiedene Interessen und oft geteilte Zuständigkeiten zu einer hohen Komplexität der beschlossenen Regularien. Umso wichtiger ist es, dass die EU durch die Sicherstellung von Partizipationsmöglichkeiten und transparenten Abläufen auch den Anforderungen prozeduraler Nachhaltigkeit entspricht.

Vertiefende Literatur

- zum institutionellen Aufbau der EU: Furtak (2025, S. 123 ff.) sowie spezifisch auf Umweltpolitik bezogen: Jordan & Gravey (2021)
- zu den vorgesehenen Berichtsstandards der CSRD: Wulf & Velte (2023)
- zur Geschichte der GAP: Weingarten (2018, S. 57 ff.)

Die internationale Perspektive: Können Staaten kooperieren, um die Welt zu retten?

9

Mit einem recht naiven Blick auf die Welt könnte man annehmen, dass es eigentlich im Interesse aller Staaten sein sollte, die natürlichen Lebensgrundlagen unserer Erde zu schützen und hierfür zu kooperieren. Tatsächlich zeugen diverse Konferenzen, wie etwa die Konferenz von Rio 1992 oder die Pariser Klimakonferenz 2015 davon, dass sich Staaten in den Dialog begeben haben. Nicht nur die fortlaufende und zunehmende Überschreitung der planetaren Grenzen (vgl. Richardson et al. 2023) deuten darauf hin, dass diese Bemühungen nicht den nötigen Effekt mit sich brachten und dass Fortschritte immer wieder auch mit großen Rückschlägen verbunden waren und sind. Warum ist es so schwer, sich zusammenzutun, um „die Welt zu retten"? Zur Erklärung des Verhaltens von Staaten und zur Frage, inwieweit Staaten kooperationsfähig und kooperationswillig sind, haben sich in der politikwissenschaftlichen Subdisziplin der „Internationalen Beziehungen" eine Reihe von Theorien entwickelt. Sie stellen jeweils unterschiedliche Betrachtungsweisen dar, auf die Beziehungen innerhalb der internationalen Staatengemeinschaft zu blicken. Es ist in dieser Publikation nicht möglich, auf alle Nuancen dieser Theorien im Einzelnen einzugehen, deshalb sollen an dieser Stelle lediglich vier grobe Theorieströmungen in stark vereinfachter Form vorgestellt werden.

- **Realismus (vgl. Schimmelfennig 2021, S. 62 ff.):** Zentrales Kennzeichen des Realismus ist die Annahme, dass die internationale Staatenwelt ein anarchisches Gebilde von nach Macht strebenden Staaten ist. Alle Staaten streben nach weiterem Ausbau ihrer jeweiligen Macht, um ihre nationalen Interessen wahrzunehmen und aus Sorge, andernfalls gegenüber Staaten mit größerer Macht nicht verteidigungsfähig zu sein. Die Fähigkeit zur Abschreckung (*„Deterrence"*) ist demnach ein zentrales Prinzip realistischer Politik. Das Innenleben von Staaten

M. Fischer, H. Heinrichs, *Umwelt- und Nachhaltigkeitspolitik*, essentials,
https://doi.org/10.1007/978-3-658-50652-0_9

wird vom Realismus nicht betrachtet, Staaten werden als unitaristische Akteure mit kohärenter Handlungsweise gesehen, die in egoistischer Manier den eigenen Nutzen maximieren. Der Realismus macht deutlich, warum es bisweilen schwer ist, auf internationalem Parkett zu einer Einigung zu kommen – angesichts der Tatsache, dass sich die nationalen Interessen von Staaten teils deutlich unterscheiden und von Nullsummenspielen ausgegangen wird, in dem der eine Staat auf Kosten des anderen gewinnt oder verliert. Während für Russland der Klimawandel durch die Abschmelzung des sibirischen Permafrostbodens aufgrund der Zugänglichkeit von Bodenschätzen eine Chance darstellen mag, ist er für pazifische Inselstaaten wie Tuvalu angesichts des steigenden Meeresspiegels eine Frage existenziellen Ausmaßes. Ebenso lässt sich gut erklären, dass Industriestaaten, die maßgeblich für den Ausstoß von Treibhausgasen verantwortlich sind, es nur begrenzt mit einem egoistisch verstandenen nationalen Interesse vereinbaren können, in signifikantem Maße die Länder des globalen Südens bei ihren Klimaschutz- und Anpassungsmaßnahmen finanziell zu unterstützen. Die letzten Jahre haben, etwa durch den russischen Überfall auf die Ukraine oder die oft erpresserisch anmutende Politik von US-Präsident Trump zur Durchsetzung von Handelsfragen durch Zollpolitik, zur Renaissance einer stark am Realismus ausgerichteten Politik geführt. Kooperation ist unter diesen Umständen nur zeitlich begrenzt und taktisch möglich und lediglich, sofern sie unmittelbar den nationalen Interessen dient.

- **Liberalismus (vgl. Schimmelfennig 2021, S. 138 ff.):** Anders als der Realismus legt der Liberalismus einen Fokus auf die innere Verfasstheit von Staaten. Die Annahme lautet, dass Staaten bestimmte Ziele verfolgen, die sich aus innerstaatlichen Aushandlungsprozessen ergeben haben und die nach außen externalisiert werden. Statt eines einheitlichen nationalen Interesses geht es also darum, dass bestimmte wirtschaftliche und gesellschaftliche Akteure innerhalb eines Staates in den Wettstreit um bestimmte politische Ziele treten, die dann mittelbar die Außenpolitik des Staates prägen. Die interessante These lautet nun: Wenn Staaten mit ähnlichen, liberalen Verfassungen aufeinandertreffen, die als Ergebnis dieser Aushandlungsprozesse ähnliche Ziele verfolgen, wird dadurch die Kooperation zwischen ihnen möglich und die Gefahr von Kriegen und Unsicherheit reduziert. Der Liberalismus liefert eine argumentative Rechtfertigung für den freien Welthandel und den Austausch unter Staaten. Zudem lässt sich auf seiner Basis rechtfertigen, dass sich Länder mit ähnlicher, demokratisch-liberaler Verfasstheit, zu kooperativen Friedensprojekten wie der Europäischen Union zusammenfinden können.

- **Neo-Marxismus (vgl. Jindal 2025):** Für diese Denkschule ist die internationale Ordnung vor allem Ausdruck eines ökonomischen Ungleichgewichts, das durch die kapitalistische Grundlogik der Weltwirtschaft verursacht wird. Die Denkschule wurde dabei nicht von Karl Marx selbst ausgearbeitet, nimmt aber für sich in Anspruch, seine Argumentation auf das Feld der internationalen Beziehungen zu übertragen. Ökonomische Asymmetrien zwischen Staaten führten zu Konflikten, der Kapitalismus ist Treiber ökonomischer Ungleichheit und Grund für die Ausbeutung weiter Teile der Welt durch kapitalistische Industrienationen. Um zu einer friedlichen Welt zu kommen, wäre zunächst eine Entschlüsselung der globalen Machthierarchien und die Förderung einer gerechten internationalen Ordnung nötig. Der Neo-Marxismus ist für die umwelt- und nachhaltigkeitspolitische Debatte insofern interessant, als er einen Blick auf ökonomisch bedingte Machtverhältnisse und globale Ungleichheit legt, die auch dazu führen, dass die Länder, die relativ gesehen am wenigsten zu Nachhaltigkeitsherausforderungen wie dem Klimawandel beitragen, dennoch am meisten unter seinen Folgen zu leiden haben. Kooperation zwischen Staaten scheint allenfalls denkbar, wenn sich Staaten mit gemeinsamen ökonomischen Interessen zusammentun, um Ungleichgewichte sichtbar zu machen und die Transformation hin zu einem gerechteren Weltwirtschaftssystem anzustoßen.

- **Konstruktivismus (vgl. Schimmelfennig 2021, S. 160 ff.):** Diese relativ junge Theorieschule geht davon aus, dass die internationale Politik durch das intersubjektive Miteinander von Staaten sozial konstruiert ist. Durch den Austausch von Ideen, Werten und Normen ist eine ideell konstruierte internationale Ordnung ableitbar, an der sich die Staaten durch „angemessenes" Handeln halten möchten. Zwischen den Akteuren finden Sozialisierungsprozesse statt, in denen sie ihre kulturelle Zusammenarbeit vertiefen, Konflikte werden auf Basis der gemeinsamen Werte konstruktiv gelöst. Ein gutes Beispiel zur Illustration konstruktivistischer Logik ist die Europäische Union, die den Versuch darstellt, auf Basis geteilter Werte eine Zusammenarbeit von Akteuren zu institutionalisieren. Auch die Kooperation der internationalen Staatengemeinschaft bei der Entwicklung und Verabschiedung der UN-Transformationsagenda 21 mit den globalen Nachhaltigkeitszielen und des Paris-Abkommens mit dem Ziel, die Erderwärmung auf 1,5 Grad zu begrenzen, lassen sich aus der konstruktivistischen Perspektive der internationalen Beziehungen interpretieren. Die konstruktivistische Denkschule nimmt jedoch auch an, dass es zwischen unterschiedlichen Wertegemeinschaften durch unterschiedliche Normen und geteilte Vorstellungen zu Konflikten und gegenseitiger Abgrenzung kommen kann. Beispielhaft hierfür können Versuche der Trump-Administration verstanden werden, die internationale Klima- und Nachhaltigkeitspolitik zu konterkarieren und eine Anti-Klimaschutz-Allianz aufzubauen. Durch diese Logik wird verständlich, dass Staaten auch versuchen, die eigene Narration bestimmter Phänomene auf internationalem Parkett durchzusetzen. Verschiedene Phänomene werden auf diese Weise zum Kampf um die Deutungsmacht, die der Konstruktivismus sehr gut erklären kann. Internationale Kooperation ist nach diesem Modell also möglich, aber es erfordert, andere Staaten von der Notwendigkeit einer gemeinsamen Gestaltung der Umwelt- und Nachhaltigkeitspolitik zu überzeugen und sie in ein gemeinsames Wertegerüst zu integrieren. Um eine globale Änderung zu erreichen, müsste ein übergreifend geteiltes Narrativ entwickelt werden, das für alle Staatengruppen entsprechend Ihres Wertegerüsts annehmbar und im konkreten Handeln umsetzbar wäre.

Vertiefende Literatur

- für einen generellen, kurzen Überblick in die Theorien: Schimmelfennig (2021)
- für einen vertieften Einblick in die Denkschulen: Sauer & Masala (2017)

Ausblick – was Sie aus diesem *essential* mitnehmen können 10

Der Sozialwissenschaftler Colin Crouch diagnostizierte in seinem Werk „Postdemokratie" einen bedenklichen Zustand moderner Demokratien. Ihm zufolge sind die politischen Prozesse der Mitbestimmung des Volkes und der demokratischen Willensbildung zur institutionalisierten Fassade verkommen, die ähnlich einem Theaterstück einer Art ritualisierten Symbolik dienen. Die tatsächliche Macht jedoch wandere mehr und mehr an wirtschaftliche Eliten und eine Industrielobby, die dem Volk immer mehr die politische Kontrolle des Staates entziehen würden (vgl. Crouch 2008). Düsteren Entwürfen wie diesen setzt die regulative Idee der Nachhaltigkeit ein positives Bild entgegen, indem es als möglich empfunden wird, die Zukunft durch bewusste politische Gestaltung zum Besseren zu entwickeln. In diesem *essential* wurde deutlich, dass diese Gestaltungsmöglichkeit bestimmte Voraussetzungen benötigt, die über den Fokus auf einzelne regulatorische und finanzielle Voraussetzungen einer Transformation hinausgehen.

Nach dem Aufbau eines umfassenden Sozialstaats, um die negativen Folgen der marktwirtschaftlichen Wirtschaftsweise abzumildern, und der zunehmenden Institutionalisierung eines Umweltstaates, um die natürlichen Lebensgrundlagen zu erhalten, wird nun die Entwicklung eines Nachhaltigkeitsstaates postuliert, indem Nachhaltigkeit durch einen integrativen Prozess unter Mitwirkung von wissenschaftlichen und zivilgesellschaftlichen Akteuren umfassend in alle Ebenen des politisch-administrativen Systems integriert wird (vgl. Heinrichs und Laws 2014, S. 2639, Heinrichs 2022 sowie Bornemann et al. 2025). Auch wenn es Beispiele geben mag für nachhaltigkeitsorientierte Staatlichkeit in autokratischen Regimen, folgen wir in diesem Buch der Überzeugung, dass Nachhaltigkeit und Demokratie zwei Seiten einer Medaille sind. Nachhaltigkeitsstaatliche Ansätze sind damit unmittelbar verknüpft mit der Frage und Notwendigkeit zur Weiterentwicklung

M. Fischer, H. Heinrichs, *Umwelt- und Nachhaltigkeitspolitik*, essentials, https://doi.org/10.1007/978-3-658-50652-0_10

demokratischer Institutionen, um individuelle Freiheit und kollektive Selbstbindung zu ermöglichen (vgl. Heidenreich 2023). Eine besondere Rolle spielt dabei das Sozialkapital der Gesellschaft. Auf einen einfachen Nenner gebracht, bedarf es dafür (vgl. Freitag und Traunmüller 2008, S. 225 f.):

- stabile Netzwerke, die soziale Ressourcen bereitstellen,
- ein hohes Maß an sozialem Vertrauen, um für reibungslose Prozesse zu sorgen,
- robuste Normen der Reziprozität, um positive Handlungen einer Seite zu ebensolchen Handlungen der Gegenseite zu motivieren.

Diese Bestandteile des Sozialkapitals dienen nicht nur als Kitt, um die Gesellschaft zusammenhalten. Sie gelten zudem als positiv konnotiert mit einer Reihe auch wirtschaftlich vorteilhafter Faktoren wie einer niedrigen Arbeitslosigkeit und einem effizienten Informationsfluss innerhalb des Arbeitsmarktes (vgl. Freitag und Kirchner 2011). Es lohnt sich also für politische Akteure, im Bestreben einer nachhaltigen Entwicklung vor allem auch systematisch ins soziale Kapital einer Gesellschaft zu investieren.

Was Sie aus diesem *essential* mitnehmen können

- Die Weiterentwicklung der Umwelt- zur umfassenderen Nachhaltigkeitspolitik.
- Zentrale theoretische und konzeptionelle Ansätze, um die Umwelt- und Nachhaltigkeitspolitik besser zu verstehen und politische Ereignisse zu erklären.
- Ein Verständnis für die Herausforderung, in einer Welt aus Staaten mit verschiedenen Interessen und in einem komplexen politischen System für Veränderungen zu sorgen.

Literatur

Aden H (2012) Umweltpolitik. Springer VS, Wiesbaden. DOI: https://doi.org/10.1007/978-3-531-93307-8

Ahern DM (2023) The sustainability reporting ripple: Direct and indirect implications of the EU Corporate Sustainability Reporting Directive for SME Actors. In: A Bartolacelli (Hrsg) The prism of sustainability. SSRN: https://ssrn.com/abstract=4517356

Baden-Württemberg Zentrum für Schulqualität und Lehrerbildung (ZSL) (o.J.) Arbeitsblatt: Die Argumentation. https://lehrerfortbildung-bw.de/u_sprachlit/deutsch/bs/6bg/6bg1/4_argumentieren/2ueberzeugen/3_ab_argumentation/ Zugegriffen: 12. Aug 2025

Baumgärtner S, Heinrichs H, Hofmeister S, Schomerus T (2014) Öffentliche Nachhaltigkeitssteuerung. In: Heinrichs H, Michelsen G (Hrsg) Nachhaltigkeitswissenschaften. Springer Spektrum, Berlin, Heidelberg, S. 279–298. https://doi.org/10.1007/978-3-642-25112-2_8

Beck U (2008) Weltrisikogesellschaft. Suhrkamp, Frankfurt am Main. ISBN: 978-3-518-46038-2

Becker F, Reinhardt-Becker E (2001) Systemtheorie. Eine Einführung für die Geschichts- und Kulturwissenschaften. Campus, Frankfurt am Main. ISBN: 3-593-36848-X

Béland D, Howlett M (2016) The role and impact of the policy sciences: Critical reflections on the art and craft of policy analysis. Palgrave Macmillan https://doi.org/10.1057/978-1-137-50494-4

Benz A, Lütz S, Schimank U, Simonis G (Hrsg) (2007) Handbuch Governance. Theoretische Grundlagen und empirische Anwendungsfelder. VS, Wiesbaden. https://doi.org/10.1007/978-3-531-90407-8

Biermann F, Norichika K, Rakhyun EK (2017) Global governance by goal-setting: the novel approach of the UN Sustainable Development Goals. Current Opinion in Environmental Sustainability 26–27: 26–31. https://doi.org/10.1016/j.cosust.2017.01.010

Böcher M, Töller AE (2012) Umweltpolitik in Deutschland: Eine politikfeldanalytische Einführung. Springer VS, Wiesbaden. https://doi.org/10.1007/978-3-531-19465-3

Bonacker T (2008) Sozialwissenschaftliche Konflikttheorien. Eine Einführung. VS, Wiesbaden. ISBN: 978-3-531-16180-8

Bornemann B, Christen M, Burger P (2025) The sustainable state: a meta-governance framework. Environmental Politics 34(2), 344–366. https://doi.org/10.1080/0964401 6.2024.2369015

Buchmann, J et al (2021) : Digitalisierung und Demokratie, Schriftenreihe zur wissenschaftsbasierten Politikberatung, ISBN 978-3-8047-4222-2, Deutsche Akademie der Naturforscher Leopoldina e. e. V. – Nationale Akademie der Wissenschaften, Halle (Saale), https://doi.org/10.26164/leopoldina_03_00348

Bundesverfassungsgericht (BVerfG) (2021) Beschluss vom 24. März 2021. Pressemitteilung – Nr. 31/2021 vom 29. April 2021.

Buyx A (2025) Leben und Sterben. Die großen Fragen ethisch entscheiden. S. Fischer, Frankfurt am Main. ISBN: 978-3-10-397523-9

Crouch C (2008) Postdemokratie. Suhrkamp, Frankfurt am Main. ISBN: 978-3-518-12540-3

Czada R (2000) Konkordanz, Korporatismus, Politikverflechtung. Dimensionen der Verhandlungsdemokratie. In: Holtmann E, Voelzkow H (Hrsg) Zwischen Wettbewerbs- und Verhandlungsdemokratie. Westdeutscher Verlag, Wiesbaden, S. 23– 49. https://doi. org/10.1007/978-3-663-07791-6_2

de Sadeleer N (2025) The European Green Deal: greenwashing compounded by deregulation (Omnibus law) or a genuine paradigm shift? European Journal of Risk Regulation, S. 1–32. https://doi.org/10.1017/err.2025.20

Deutscher Bundestag (1971) Umweltprogramm der Bundesregierung. Drucksache VI/2710. https://dserver.bundestag.de/btd/06/027/0602710.pdf Zugegriffen: 11. Aug 2025

Europäische Kommission (o.J.) CAP expenditure. https://agriculture.ec.europa.eu/data-and-analysis/financing/cap-expenditure_en?utm Zugegriffen: 12. Sep 2025

Europäisches Parlament (2024) What do the EU institutions do? (infographic). https://www. europarl.europa.eu/topics/en/article/20240524STO21650/what-do-the-eu-institutions-do-infographic?utm Zugegriffen: 12. Sep 2025

Fischer M (2016) Welfare with or without growth? Potential lessons from the German healthcare system. Sustainability 8(11):1088. https://doi.org/10.3390/su8111088

Fischer M (2024) Nachhaltigkeitsmanagement im Gesundheitswesen. Konzeptionelle Grundlagen und Orientierungshilfen. Springer Gabler, Wiesbaden. https://doi. org/10.1007/978-3-658-44394-8

Freitag M, Kirchner A (2011) Social capital and unemployment: A macro-quantitative analysis of the European regions. Political studies 59(2):389–410. https://doi. org/10.1111/j.1467-9248.2010.00876.x

Freitag M, Traunmüller R (2008) Sozialkapitalwelten in Deutschland. Soziale Netzwerke, Vertrauen und Reziprozitätsnormen im subnationalen Vergleich. Zeitschrift für Vergleichende Politikwissenschaft 2(2):221–256. https://doi.org/10.1007/ s12286-008-0012-3

Furtak FT (2025) Die Europäische Union. Eine Einführung. Springer VS, Wiesbaden. https:// doi.org/10.1007/978-3-658-45027-4

Gadamer HG (2000) „Rituale sind wichtig". Hans-Georg Gadamer über Chancen und Grenzen der Philosophie. https://www.spiegel.de/kultur/rituale-sind-wichtig-a-3b542daf-0002-0001-0000-000015737880?context=issue Zugegriffen: 14. Aug 2025

Grunwald A, Kopfmüller J (2022) Nachhaltigkeit. Campus, Frankfurt am Main. ISBN: 978-3-593-51402-4

Größler A (2010) Policies, politics and polity: Comment on the paper by Bianchi. Syst. Res. Behav. Sci., 27:385–389. https://doi.org/10.1002/sres.1051

Habermas J (1992) Faktizität und Geltung: Beiträge zur Diskurstheorie des Rechts und des demokratischen Rechtsstaats. Suhrkamp, Frankfurt am Main. ISBN: 978-3-518-28961-7

Hannigan, J (1995) Environmental Sociology. A Social Constructionist Perspective. Routledge, London, UK. ISBN: 9780415112543, 0415112540

Hauff V (1987) Unsere gemeinsame Zukunft. Der Brundtland-Bericht der Weltkommission für Umwelt und Entwicklung. Greven, Eggenkamp. ISBN: 9783923166169

Heidenreich F (2023) Nachhaltigkeit und Demokratie: eine politische Theorie. Suhrkamp, Berlin. ISBN: 978-3-518-29988-3

Heidenreich F (2011) Theorien der Gerechtigkeit. Eine Einführung. UTB Barbara Budrich, Opladen/Farmington Hills, USA. ISBN: DOI: 10.36198/9783838531366.

Heinrichs H (2002) Politikberatung in der Wissensgesellschaft. Eine Analyse umweltpolitischer Beratungssysteme. DUV Sozialwissenschaft, Wiesbaden. https://doi.org/10.1007/978-3-663-07877-7

Heinrichs H (2022) Sustainable statehood: Reflections on critical (pre-) conditions, requirements and design options. Sustainability 14(15): 9461. https://doi.org/10.3390/su14159461

Heinrichs H, Laws N (2014) "Sustainability state" in the making? Institutionalization of sustainability in German federal policy making. Sustainability 6(5):2623–2641. https://doi.org/10.3390/su6052623

Heinrichs H, Michelsen G (2014) Nachhaltigkeitswissenschaften. Springer Spektrum, Berlin Heidelberg. https://doi.org/10.1007/978-3-642-25112-2

Herweg N, Zohlnhöfer R (2022) Multiple Streams Ansatz. In: Wenzelburger G, Zohlnhöfer R (Hrsg) Handbuch Policy-Forschung. Springer VS, Wiesbaden. https://doi.org/10.1007/978-3-658-05678-0_12-1

Jänicke M (2008) Ecological modernisation: new perspectives. Journal of Cleaner Production 16(5): 557–565. https://doi.org/10.1016/j.jclepro.2007.02.011

Jänicke M (2021) Umweltpolitik. In: Andersen U, Bogumil J, Marschall S, Woyke W (Hrsg) Handwörterbuch des politischen Systems der Bundesrepublik Deutschland. Springer VS, Wiesbaden. 10.1007/978-3-658-23666-3_170

Jindal N (2025) Marxist and neo-Marxist approaches. In: Jindal N, Kumar K (Hrsg) Decolonising international relations: Perspectives from the Global South (S. 83–98). Routledge, London, UK https://doi.org/10.4324/9781003599425-7

Jordan A, Gravey V (Hrsg) (2021) Environmental Policy in the EU: Actors, Institutions and Processes. Routledge, London, UK. https://doi.org/10.4324/9780429402333

Kingdon JW (2014) Agendas, Alternatives, and Public Policies. Pearson, London, UK. ISBN: 978-1-292-05387-5

Knill C, Tosun J (2015) Einführung in die Policy-Analyse (Vol. 4136). UTB Barbara Budrich, Opladen Toronto, Kanada. https://doi.org/10.36198/9783838541365

Kreitz B (2023) Die Ziele der gemeinsamen Agrarpolitik der Europäischen Union gem. Art. 39 AEUV im Lichte der aktuellen Reform. Natur und Recht 45(1):30–33. https://doi.org/10.1007/s10357-022-4126-1

Lehmbruch G (2003) Einleitung: Von der Konkurrenzdemokratie zur Verhandlungsdemokratie – zur Entwicklung eines typologischen Konzepts. In: Lehmbruch G (Hrsg) Verhandlungsdemokratie. VS, Wiesbaden. https://doi.org/10.1007/978-3-322-80515-7_1

Lincoln A (1863) The Gettysburg Address (1863) The National Constitution Center. https://constitutioncenter.org/the-constitution/historic-document-library/detail/abraham-lincoln-the-gettysburg-address-1863#:~:text=The%20Gettysburg%20Address%20(1863) Zugegriffen: 5. Aug 2025

Lindblom CE (1959) The Science of "Muddling Through." Public Administration Review 19(2):79–88. https://doi.org/10.2307/973677

Luhmann N (1984) Soziale Systeme: Grundriß einer allgemeinen Theorie. Suhrkamp, Frankfurt am Main. ISBN: 978-3-518-28266-3

Maasen S, Weingart, P (Hrsg) (2005) Democratization of Expertise? Exploring Novel Forms of Scientific Advice in Political Decision-Making. Springer, Dordrecht, Niederlande. https://doi.org/10.1007/1-4020-3754-6

Mahmood Z, Uddin S (2021) Institutional Logics and Practice Variations in Sustainability Reporting: Evidence from an Emerging Field. Accounting, Auditing & Accountability Journal 34(5):1163–1189. https://doi.org/10.1108/AAAJ-07-2019-4086

Mastroianni L (2024) How Do Crises Affect Policy Subsystems? The Evolution of Policy Core Beliefs in the EU Asylum Policy. JCMS: Journal of Common Market Studies 62(6):1475–1499. https://doi.org/10.1111/jcms.13615

Meadows D, Meadows D, Zahn E, Milling P (1972) Die Grenzen des Wachstums Bericht des Club of Rome zur Lage der Menschheit. dva informativ, Stuttgart. ISBN: 978–3421026330

Mittwoch AC (2025) Der Brüsseler Omnibus rollt. Freie Fahrt für eine unbürokratische ESG-Transformation der Wirtschaft? Zeitschrift für das Privatrecht der Europäischen Union 22(3):120–128. https://doi.org/10.9785/gpr-2025-220307

Nassehi A (2015) Die letzte Stunde der Wahrheit. Warum rechts und links keine Alternativen mehr sind und Gesellschaft ganz anders beschrieben werden muss. Murmann Publishers, Hamburg. ISBN: 978-3867743778

Renn O, Webler, T, Wiedemann P (Hrsg) (1995) Fairness and competence in citizen participation: Evaluating models for environmental discourse (Vol. 10). Springer Science & Business Media, Dordrecht,Niederlande.. https://doi.org/10.1007/978-94-011-0131-8

Richardson K, Steffen W, Lucht W, Bendtsen J, Cornell SE, Donges JF, ... & Rockström J (2023) Earth beyond six of nine planetary boundaries. Science advances 9(37), eadh2458. https://doi.org/10.1126/sciadv.adh2458

Rudzio W (2019) Das politische System der Bundesrepublik Deutschland. Springer VS, Wiesbaden. https://doi.org/10.1007/978-3-658-22724-1

Sabatier PA, Weible C (2019) The Advocacy Coalition Framework: innovations and clarifications. In Theories of the Policy Process (2nd edition). Routledge, New York, USA, S. 189–220. https://doi.org/10.4324/9780367274689-7

Saretzki T (1996) Wie unterscheiden sich Argumentieren und Verhandeln?. In: von Prittwitz V (Hrsg) Verhandeln und Argumentieren. VS, Wiesbaden. https://doi.org/10.1007/978-3-322-97319-1_2

Sauer F, Masala C (2017) Handbuch Internationale Beziehungen. Springer-Verlag. https://doi.org/10.1007/978-3-531-19918-4

Schimmelfennig F (2021) Internationale Politik (Vol. 3107). UTB Brill | Schöningh, Paderborn. https://doi.org/10.36198/9783838555362

Schmidt MG, Ostheim T, Siegel NA, Zohlnhöfer R (2007) Der Wohlfahrtsstaat: Eine Einführung in den historischen und internationalen Vergleich. Springer-Verlag. https://doi.org/10.1007/978-3-531-90708-6

Schneidewind U, Singer-Brodowski M (2015) Vom experimentellen Lernen zum transformativen Experimentieren – Reallabore als Katalysator für eine lernende Gesellschaft auf dem Weg zu einer Nachhaltigen Entwicklung. zfwu 16(1):10–23. https://doi.org/10.5771/1439-880X-2015-1-10

Schopenhauer A (2014) Die Kunst, recht zu behalten. Reclams Universal-Bibliothek 19091. Reclam, Stuttgart. ISBN: 978-3-15-019091-3

Schubert K, Bandelow NC (2014) Politikfeldanalyse: Dimensionen und Fragestellungen. In: dies. (Hrsg) Lehrbuch der Politikfeldanalyse,de Gruyter Oldenbourg, München. ISBN: 978-3-486-72510-0

Schulze H (1997) Neo-Institutionalismus: ein analytisches Instrument zur Erklärung gesellschaftlicher Transformationsprozesse. (Arbeitspapiere des Osteuropa-Instituts der Freien Universität Berlin, Arbeitsschwerpunkt Politik, 4). Berlin: Freie Universität Berlin, Osteuropa-Institut Abt. Politik. https://nbn-resolving.org/urn:nbn:de:0168-ssoar-440387

Stechemesser A, Koch N, Mark E, Dilger E, Klösel P, Menicacci L, ... & Wenzel A (2024) Climate policies that achieved major emission reductions: Global evidence from two decades. Science 385(6711):884–892. https://doi.org/10.1126/science.adl6547

Strecker D, Schaal GS (2001) Die politische Theorie der Deliberation: Jürgen Habermas. In: Brodocz A, Schaal GS (Hrsg) Politische Theorien der Gegenwart II. VS, Wiesbaden. https://doi.org/10.1007/978-3-663-12320-0_4

Umweltbundesamt (2021) Vorsorgeprinzip. Text vom 21.01.2021. https://www.G>rBfis.de/vorsorgeprinzip#:~:text=Sind%20Schäden%20für%20die%20Umwelt,Interesse%20künftiger%20Generationen%20zu%20erhalten. Zugegriffen: 3. Aug 2025

Wagner A (2003) Managed Evolution. Schriftenreihe für Controlling und Unternehmensführung Edition Österreichisches Controller-Institut. Deutscher Universitätsverlag, Wiesbaden. https://doi.org/10.1007/978-3-322-81073-1

Weible CM, Ingold K (2018) Why advocacy coalitions matter and practical insights about them. Policy & politics 46(2):325–343. 10.1332/030557318×15230061739399

Weingarten P (2018) Agrarpolitik. In: ARL – Akademie für Raumforschung und Landesplanung (Hrsg): Handwörterbuch der Stadt- und Raumentwicklung ARL – Akademie für Raumforschung und Landesplanung, Hannover. S. 55–68. URN: https://nbn-resolving.de/urn:nbn:de:0156-5599067

Wulf I, Velte P (2023) European Sustainability Reporting Standards (ESRS). Überblick zu den Berichtsinhalten des neuen Nachhaltigkeitsberichts. ZCG 5(23):228–235. https://doi.org/10.37307/j.1868-7792.2023.05.09

Zohlnhöfer R (2008) Stand und Perspektiven der vergleichenden Staatstätigkeitsforschung. In: Wenzelburger G, Zohlnhöfer R (Hrsg) Die Zukunft der Policy-Forschung: Theorien, Methoden, Anwendungen. VS, Wiesbaden. S. 157–174. https://doi.org/10.1007/978-3-531-90774-1_9

Schlenhauer A (2014) Die Kunst recht zu behalten. Reclams Universal-Bibliothek [000] Reclam, Stuttgart. ISBN 978-3-15-019012-3

Schubert K, Bandelow NC (2014) Politikfeldanalyse: Dimensionen und Fragestellungen. In: dies. (Hrsg.) Lehrbuch der Politikfeldanalyse, 3. (neue) Oldenbourg, München. ISBN 978-3-...